ZEITSCHRIFT FÜR ANGEWANDTE GEOLOGIE

HERAUSGEGEBEN VOM
ZENTRALEN GEOLOGISCHEN INSTITUT
IM AUFTRAG DES
STAATSSEKRETARIATS FÜR GEOLOGIE

AUS DEM INHALT

AKADEMIE-VERLAG · BERLIN

BAND 15 / HEFT 4
APRIL 1969
SEITE 165–220

Die ZEITSCHRIFT FÜR ANGEWANDTE GEOLOGIE berichtet ständig über folgende Arbeitsgebiete: Geologische Grundlagenforschung und Lagerstättenforschung / Methodik der geologischen Erkundung / Ökonomie und Planung der geologischen Erkundung / Technik der geologischen Erkundung / Geologie und Lagerstättenkunde im Ausland. In der Zeitschrift können alle strittigen Fragen der praktischen Geologie behandelt werden. Die Autoren übernehmen für ihre Aufsätze die übliche Verantwortung.

ZEITSCHRIFT FÜR ANGEWANDTE GEOLOGIE

Träger der Ehrennadel in Gold der Gesellschaft für Deutsch-Sowjetische Freundschaft

KOLLEKTIVE CHEFREDAKTION

Dr. K. KAUTER (Redaktionssekretär)
Prof. Dr. F. STAMMBERGER
Dr. habil. G. TISCHENDORF

BAND 15 · APRIL 1969 · HEFT 4

Wege zur Verkürzung der Termine industrieller Erkundung und Nutzung neuer Erdöl- und Erdgaslagerstätten[1]

N. S. JEROFEJEW, W. G. WASILJEW & B. S. WOROBJEW, UdSSR

Die Verkürzung der Termine bei der Erkundung neuer Erdöl- und Erdgaslagerstätten ist eine der wichtigsten Bedingungen für die Entwicklung der Erdöl- und Erdgasindustrie der UdSSR im laufenden Fünfjahrplan.

Die Erfahrungen in der Ukraine und in einer Reihe anderer erdöl- und erdgasfördernder Gebiete der Sowjetunion zeigten, daß man die Termine für die industrielle Nutzung neuer Lagerstätten und die damit verbundenen Aufwendungen einschließlich der Erkundung mindestens um etwa die Hälfte kürzen kann, wenn die Nacherkundung mit der industriellen Exploitation der Lager vereint wird und wenn die Erfüllung der geologischen Erkundungsaufgaben durch die Exploitationsbohrungen gewährleistet ist.

Bei dem derzeit geltenden System der konsequenten Durchführung dieser Arbeiten ist die industrielle Exploitation erst nach Beendigung der Erkundung möglich. Die Arbeiten werden nach dem folgenden technologischen Schema durchgeführt (Abb. 1).

Vorerkundung

In diesem Stadium werden eine primäre Geometrisierung der Lager und die Vorratsbewertung in der Kategorie C_1 und z. T. in der Kategorie B vorgenommen. Die Erkundung erstreckt sich über zwei bis drei Jahre.

Detailerkundung

Hauptaufgaben dieses Stadiums sind die Detailgeometrisierung der Lager und die Vorratsbewertung nach den hohen Kategorien A und B. Die Erkundung erstreckt sich über 2 bis 5 Jahre, mitunter darüber.

Exploitationserkundung

Sie wird während der Exploitation der Lagerstätte für die Präzisierung der einzelnen Parameter der Lagerstätte durchgeführt.

Der halbindustrielle Abbau ist das Anfangsstadium der industriellen Exploitation mittlerer und großer Lagerstätten, wenn sie noch nicht für den industriellen Abbau mit voller potentieller Kapazität vorbereitet sind. In diesem Stadium werden in erster Linie Exploitationsbohrungen niedergebracht, die mitunter als vorausgehende Exploitationsbohrungen bezeichnet werden. Dabei wird die Erdöl- und Erdgasförderung in einem Umfang bis zu 50% der vollen potentiellen Kapazität des Lagers aufgenommen. Der Abbau erfolgt nach dem derzeitigen technologischen Schema. Die Dauer des Abbaus beträgt 2 bis 3 Jahre.

Der industrielle Abbau ist die Exploitation der Lagerstätte in der vollen projektierten Kapazität.

Das System der konsequenten Durchführung der Erkundung und des Abbaus von Lagerstätten entstand in der ersten Hälfte dieses Jahrhunderts und ist für die jetzige Zeit schon klassisch. Jedoch gewährleistet es heute nicht mehr die Erfüllung der gestellten Aufgaben hinsichtlich der Entwicklung der Erdöl- und Erdgasförderung. Indessen erlaubt der derzeitige Stand der Erkundungstechnik und des Abbaus von Lagerstätten, vollkommenere technologische Schemata dieser Arbeiten anzuwenden.

So wurden im letzten Jahrzehnt in der Ukraine bei einer Reihe von Erdöl- und Erdgaslagerstätten zwei prinzipiell neue technologische Schemata, das „Parallelsystem" und das „kombinierte System" der Erkundung und Exploitation, in der Praxis angewendet.

Das Wesen des Parallelsystems besteht darin, daß das Erkundungs- und Exploitationsbohren und die industrielle Förderung von Erdöl und Erdgas im Stadium der Detailerkundung parallel durchgeführt werden, mitunter auch im Stadium der Vorerkundung. Als Folge davon ist ein bedeutender Zeitgewinn zu verzeichnen (Abb. 2).

Das Wesen des kombinierten Systems besteht darin, daß die Erkundung von Lagerstätten mit Hilfe von Exploitationsbohrungen, die eine doppelte Bestimmung haben, vorgenommen wird. Im Prozeß des Bohrens haben sie die Bedeutung von Erkundungsbohrungen. Es werden in ihnen die entsprechenden Untersuchungen vorgenommen: Kernentnahme, geophysikalische Bohrlochmessungen, hydrogasdynamische u. a. Untersuchungen. Nach Beendigung des Bohrens gelten sie als Exploitationsbohrungen und gewährleisten die Erfüllung der für sie aufgestellten Förderpläne für Erdöl und Erdgas (Abb. 3).

Die Durchführung der industriellen Erkundung mit Hilfe von vorausgehenden Exploitationsbohrungen macht einen bedeutenden Teil der Erkundungsmeterzahl zugunsten der Sucharbeiten frei und verkürzt

---

Aus: „Geologija nefti i gasa", 12, S. 9–12, Moskau 1967.

Übers.: H. HOCKE, Berlin.

[1]) Obwohl hier die einzelnen Etappen anders abgegrenzt bzw. definiert sind, stellt die Redaktion diesen Aufsatz des allgemeinen Interesses wegen zur Diskussion.

gleichzeitig bedeutend die Termine für die Nutzung neuer Lagerstätten und die damit zusammenhängenden Aufwendungen.

Das Parallelsystem der Arbeiten wurde in industriellen Maßstäben erstmalig in den Jahren 1956 bis 1960 auf der Schebelinkaer Gaslagerstätte bei der Erkundung und Nutzung eines zweiten Abbauobjekts des Permokarbons, das Erdgasvorräte von mehr als 250 Mrd. m^3 besitzt, in Anwendung gebracht. In den Jahren 1959 bis 1966 erfolgte nach diesem System die Nutzung der großen Erdöllagerstätten Katschanowo und Glinsk-Rosbyschewsk in der Dnepr—Donez-Senke. Auf diesen Lagerstätten wurden die Detailerkundung und die halbindustrielle Exploitation der Lager zusammengefaßt.

In den Jahren 1965 bis 1966 wurde das Parallelsystem auf 16 Gaslagerstätten der Ukraine angewendet. Dabei erfolgte eine Zusammenfassung von Erkundung und Exploitation in einer Reihe von Fällen sogar bereits im Stadium der Vorerkundung. Im Zusammenhang damit entstehen bestimmte Schwierigkeiten bei der Bewertung der Vorräte; es wird eine sorgfältigere Kontrolle der Arbeiten erforderlich. Dafür aber ist ein großer Zeitgewinn gewährleistet.

Das kombinierte System der Erkundung und Exploitation von Lagerstätten wurde erstmalig in den Jahren 1958 bis 1960 auf der Schebelinkaer Lagerstätte angewendet, bei dem dritten Abbauobjekt des Permokarbons, das Gasvorräte von ca. 150 Mrd. m^3 besitzt. Ungeachtet der großen Vorzüge dieses Systems hat es jedoch noch nicht die wünschenswerte Verbreitung gefunden, und zwar hauptsächlich aus dem Grunde, weil die Durchführung von Erkundungsarbeiten in Exploitationsbohrungen rechtlich nicht fixiert ist!

Betrachten wir die Ergebnisse der praktischen Anwendung der genannten Prinzipien bei der Erkundung und Exploitation der Erdgaslager von Schebelinka. Hier wurden unter geologisch ähnlichen Verhältnissen alle drei technologischen Schemata angewendet: das klassische, das Parallelsystem und das kombinierte System, was ihre vergleichende Bewertung erleichtert.

Die Schebelinkaer Lagerstätte ist eine große Brachyantiklinale, die innerhalb der gasführenden Kontur über Abmessungen von 30 × 12 km und bezüglich der sie begrenzenden Senken über Abmessungen von 13 bis 40 km verfügt. Die Lagerstätte unterteilt sich in mehrere Blöcke und Horizonte, was eine hohe Erkundungsdichte notwendig macht (Abb. 4). Innerhalb der gasführenden Kontur wurden ca. 90 tektonisch gegen-

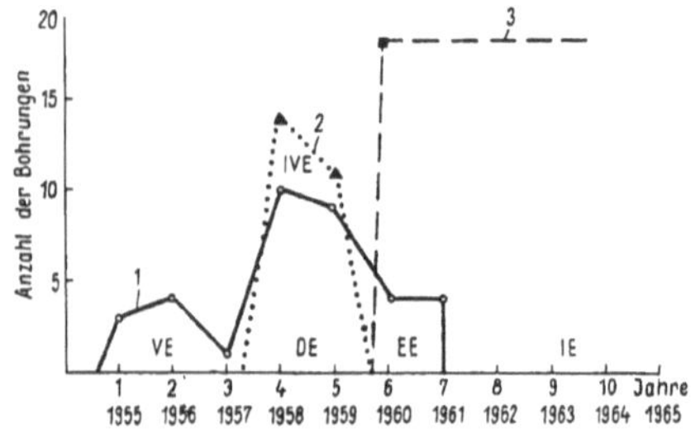

Abb. 2. Kupfer-Sandstein-Serie (KSS). Durchführung der Arbeiten nach dem Parallelsystem

(Legende s. Abb. 1)

einander verworfene Blöcke mit einer Fläche von 10 bis 700 ha erschlossen. Die produktive Serie enthält bis zu 50 gasführende Schichten mit Mächtigkeiten von 8 bis 15 m. Eine linsenartige Lagerung sowie die Unstetigkeit der lithologischen Zusammensetzung und der Speichereigenschaften sind für sie charakteristisch. Das Gaslager des massigen Typs besteht aus drei Exploitationsobjekten, die an lithologisch-stratigraphische Komplexe gebunden sind.

1. Exploitationsobjekt: unterer Anhydrithorizont der salzführenden Serie des unteren Perms (UAH);

2. Exploitationsobjekt: die Kupfer-Sandstein-Serie des unteren Perms (KSS);

3. Exploitationsobjekt: die unteren Teile der Kupfer-Sandstein-Serie (KSS) und der obere Teil der Araucarit-Serie des oberen Karbons (ACS).

Das erste Exploitationsobjekt (UAH) wurde nach dem gewöhnlichen System erschlossen. Die durchschnittliche Mächtigkeit des Horizonts beträgt 130 m, die gasführende Fläche 160 km. Die Erkundungsdauer umfaßte 9 Jahre; davon entfielen auf die Vorerkundung 3,5 Jahre, auf die Detailerkundung 4 Jahre und auf die Exploitationserkundung 1,5 Jahre (s. Abb. 1).

Es wurden 40 Erkundungsbohrungen niedergebracht. Die Dichte des Erkundungsbohrnetzes ist 400 ha/Bohrung. Der Koeffizient der Dichte beträgt 0,25 Bohrung/km^2.

Ungeachtet der verhältnismäßig hohen Erkundungsdichte gelang es nicht, die Erdgasvorräte in den höheren Kategorien zu errechnen und ein Projekt des industriellen Abbaus für das Lager aufzustellen. In Verbindung damit wurde nach Abschluß der Detailerkundung drei Jahre lang eine halbindustrielle Exploitation durchgeführt. Zu diesem Zweck teufte man 25 Exploitations-

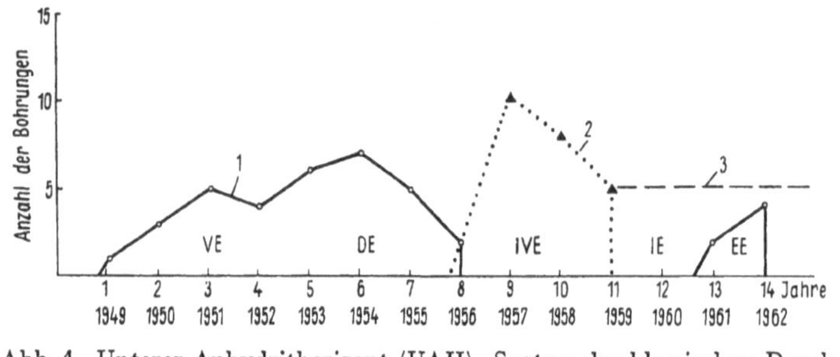

Abb. 1. Unterer Anhydrithorizont (UAH). System der klassischen Durchführung der Arbeiten

Bohren: 1 — Erkundungsbohren; 2 — Versuchsexploitationsbohren; 3 — Exploitationsbohren
Arbeitsstadien: VE = Vorerkundung; DE = Detailerkundung; EE = Exploitationserkundung; IVE = industrielle Versuchsexploitation; IE = industrielle Exploitation

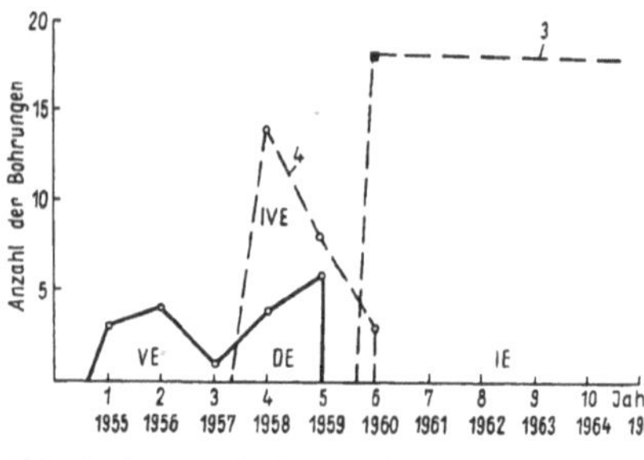

Abb. 3. Araucarit-Serie (ACS). Durchführung der Arbeiten nach dem kombinierten System

Legende 1, 2, 3 s. Abb. 1; 4 = Erkundungsexploitationsbohren

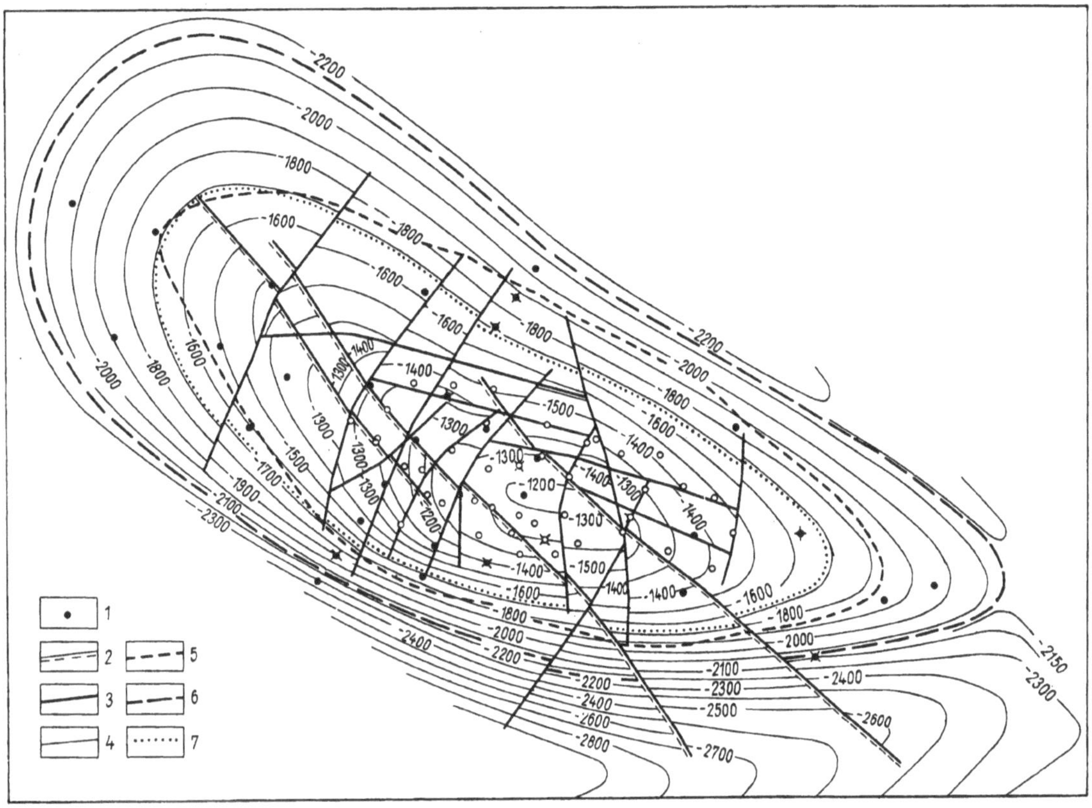

Abb. 4. Strukturkarte der Schebelinkaer Lagerstätte am Hangenden des unteren Anhydrithorizonts
1 – Erkundungsbohren; 2 – Überschiebungen; 3 – Verwerfungen; 4 – Isohypse des unteren Anhydrithorizonts; 5 – Kontur der Erdgasführung des unteren Anhydrithorizonts; 6 – Kontur der Erdgasführung der unteren Teile der Kupfer-Sandstein-Serie; 7 – Kontur der Erdgasführung des oberen Teils der Araucalit-Serie im oberen Karbon

bohrungen ab. Auf diese Weise dauerten die Vorbereitung des Lagers und des industriellen Abbaus 10 Jahre.

Das zweite Exploitationsobjekt wurde nach dem Parallelsystem erschlossen. Es entspricht dem oberen Teil der Kupfer-Sandstein-Serie (Horizont M_1 bis M_4). Die Mächtigkeit der Serien beträgt 300 bis 320 m. Die gasführende Fläche umfaßt 240 km². Die Arbeiten liefen nach folgendem Schema ab: Im Stadium der Vorerkundung wurde in dem scheitelnahen Teil der Antiklinale durch drei Bohrungen mit industriellem Zustrom an Erdgas und durch eine weitere Bohrung, die günstige Bohrlochmeßwerte ergab, eine produktive Fläche von 30 km² begrenzt, d. h. $^1/_3$ der Gesamtfläche des Lagers. Auf dieser Fläche teufte man 10 Bewertungs—Exploitations-Bohrungen mit einer durchschnittlichen Gasförderung von 5 Mill. m³/pro Tag, ungefähr 10% vom Potential des Lagers, ab und bezog sie in die industrielle Exploitation ein.

Parallel dazu wurde die Detailerkundung des Lagers mit Erkundungsbohrungen durchgeführt. Dadurch nahm die produktive Fläche für das weitere Exploitationsbohren zu. Mit Hilfe eines solchen Arbeitsschemas wurde beim zweiten Exploitationsobjekt die Erkundung anderthalbmal schneller abgeschlossen als beim ersten, obwohl das Erdgaslager hier doppelt so groß ist.

Für die Erkundung dieses Lagers nach dem gewöhnlichen Schema wären 60 Erkundungsbohrungen ($240 \times 0{,}25 = 60$) notwendig gewesen. Faktisch sind 35 Bohrungen niedergebracht worden, d. h. 25 Bohrungen weniger. Die halbindustrielle Erdgasförderung wurde drei Jahre nach Beginn der Erkundung aufgenommen, d. h. vier Jahre früher als beim ersten Objekt. Der industrielle Abbau in einem Umfang, der an die projektierte Kapazität herankommt, wurde fünf Jahre nach Beginn der Erkundung, d. h. zwei Jahre früher, aufgenommen (s. Abb. 2).

Das kombinierte System der Erkundung und Exploitation kam auch beim dritten Exploitationsobjekt, das an die unteren Teile der Kupfer-Sandstein-Serie (Horizont M_5) und an den oberen Teil der Araucarit-Serie (Horizont A_1 bis A_6) gebunden ist, zur Anwendung. Die Mächtigkeit dieser Serie erreicht am Scheitel der Antiklinale 600 m. Die gasführende Fläche beträgt 180 km².

Die Detailerkundung und die halbindustrielle Exploitation des Objekts wurden mit Hilfe von Erkundungs- und Exploitationsbohrungen vorgenommen, die man nach einem differenzierten Exploitationsnetz ansetzt; am Scheitel der Falte dichter, an ihren Flanken weitmaschiger, um die gesamte Fläche des Lagers zu erfassen. Außerdem wurden einzelne Erkundungsbohrungen zur Klärung einiger prinzipieller Fragen niedergebracht: zur Untersuchung der Dynamik der Wässer außerhalb der Kontur des Lagers, zur Durchführung von Versuchsarbeiten für die Verbesserung der Erschließung, zur Durchführung von geophysikalischen Bohrfelduntersuchungen unter speziellen Gesichtspunkten usw. Zu diesem Zweck wurden im Stadium der

Detailerkundung 10 Erkundungsbohrungen niedergebracht.

Zur Erkundung des dritten Objekts wären nach dem gewöhnlichen System 45 Erkundungsbohrungen (189 × 0,25 = 45) erforderlich gewesen. Faktisch genügten 18 Bohrungen, d. h. 27 Bohrungen weniger. Die Erkundungsdauer verkürzte sich auf vier Jahre, d. h. um fünf Jahre im Vergleich zum ersten Objekt. Die halbindustrielle und industrielle Erdgasförderung wurde wie bei den Arbeiten nach dem Parallelsystem drei und fünf Jahre nach dem Beginn der Erkundung aufgenommen.

Die Anwendung des Parallelsystems auf der Schebelinkaer Lagerstätte erlaubte es, die Dauer der Erkundung um 33% zu verringern, die Anzahl der Erkundungsbohrungen um 41% herabzusetzen und die Zeitspanne der Vorbereitung des Lagers für den industriellen Abbau um 50% zu verkürzen. Dabei wurden Kapitalinvestitionen in Höhe von ca. 2 Mill. Rubel eingespart.

Die Anwendung des kombinierten Systems (verglichen mit dem herkömmlichen) erlaubte es, die Zeitspanne der Erkundung um 55% zu verkürzen, die Anzahl der Erkundungsbohrungen um 60% und die Zeitspanne der Vorbereitung des Lagers für den industriellen Abbau um 50% zu verringern. Die Einsparung von Kapitalinvestitionen betrug 2,5 Mill. Rubel.

So eröffnet die Anwendung des Prinzips der Zusammenfassung der Erkundung und des Abbaus von Lagern neue Wege, um das Wachstumstempo der Erdöl- und Erdgasförderung zu erhöhen, wobei die Termine der Vorbereitung der Lagerstätten für die Exploitation stark verkürzt wurden und sich die damit verbundenen Aufwendungen verringerten.

Forschungen und Fortschritte in der Geochemie der Kohlenwasserstoffe

RUDOLF MEINHOLD, Freiberg (Sa.)

(Veröffentlichung Nr. 34 der Sektion Geowissenschaften, Bergakademie Freiberg, Lehrstuhl für Geologie von Erdöl, Erdgas und Kohlen)

Einleitung

Die Geochemie der Kohlenwasserstoffe hat in den letzten Jahren ein sehr großes Interesse gefunden, das sich in einer beträchtlichen Anzahl von Publikationen in Büchern und Veröffentlichungen in Zeitschriften ausdrückt. In die letzten Jahre fallen auch geochemische Konferenzen in Rueil Malmaison, in Magdeburg 1967, in London 1966, beim Welterdölkongreß in Mexiko 1967 und in Moskau 1968. Es ist nicht möglich, in einer notwendigerweise kurzen Übersicht alle Gebiete zu behandeln. Vorliegender Bericht soll daher vor allen Dingen die Bereiche betrachten, die für die Erkundung von Lagerstätten Bedeutung haben.

1. Geochemische Oberflächenprospektion

Die Oberflächenprospektion scheint seit einigen Jahren zu stagnieren, jedenfalls wenn man die Anzahl der erschienenen Arbeiten betrachtet. Das mag daran liegen, daß die Ergebnisse meist in den Archiven der Erdölbetriebe verschwinden. Gesprächen bei Tagungen ist zu entnehmen, daß das Interesse daran nach wie vor rege ist, die Interpretation aber noch immer als schwierig angesehen wird. Beweis dafür ist auch die Sektion geochemische Prospektion auf dem letzten Welterdölkongreß in Mexiko mit einem Übersichtsbericht (KROEPELIN 1967) einschließlich der Erörterung einiger theoretischer Grundlagen (Diffusion, Löslichkeit) und Beispielen aus jüngerer Zeit. Der Autor bringt darin ein Beispiel von RÜHL, SCHMIDT und GEDENK aus dem Gifhorner Trog, in dem die Ergebnisse einer Bodengasaufnahme für Methan, Äthan sowie Äthan bis n-Hexan in getrennten Karten dargestellt sind. Sie zeigen, daß sich die Karten für Äthan und die höheren Homologe im Prinzip ähneln, die für Methan aber völlig abweichen. Diese Erscheinung illustriert erneut die bekannte Tatsache, daß Methan allein für die Kohlenwasserstoffsuche von geringem Wert ist. Interessant in dieser Beziehung ist auch eine Arbeit von SEIDELSON, WEINBAUM u. a. (1967), die die Fündigkeitsraten der auf geochemische Anomalien angesetzten Bohrungen im Wolga–Ural-Gebiet untersucht. Die geochemischen Untersuchungen wurden dort vor etwa zehn Jahren abgeschlossen. Die Fündigkeitsraten waren für Lagerstätten in 1000 bis 1500 m Teufe 76%, in Teufen von 300 bis 400 m im Gebiet von Kinelj–Čerkassy 85%, für Lagerstätten in Teufen über 1500 m 83%. Der letzte Fall gründet sich jedoch nicht allein auf Oberflächenaufnahmen, sondern auch auf geochemische Untersuchungen verschiedener Art in Bohrungen. Allerdings ist zu berücksichtigen, daß hier bereits ein kräftiger Auswahleffekt vorliegt, da viele Bohrungen auch nach geophysikalischen Untersuchungen angesetzt worden sind; es erfolgte also eine Auswahl der geochemischen Anomalien nach geophysikalischen Gesichtspunkten. Diese Zahlen zeigen aber eindringlich den Erfolg, der bei guter Zusammenarbeit erreichbar ist. Außerdem ist zu beachten, daß sich die Erfolgsraten auf Strukturen beziehen, nicht auf Bohrungen. Bezogen auf diese, wären sie wesentlich kleiner.

Die von HORVITZ (1965) veröffentlichten Beispiele (Abb. 1) zeigen den Fortschritt durch die neuen chromatographischen Analysenmethoden, die die Kartierung von Äthan-plus-Anomalien im Bereich von ppb (10^{-9}) gestatten, auch von einer 3000 m tief liegenden Lagerstätte. Diese Beispiele zeigen aber auch sehr deutlich den Einfluß der Dichte der Entnahmepunkte auf der Untersuchungsfläche auf die Interpretationsmöglichkeiten. In einer ersten Auswertung wurden alle Anomalien über 100 ppb (10^{-7}5%) zu einem großen Halo vereinigt und in dessen Zentrum gebohrt. Die Bohrung konnte keine Lagerstätte nachweisen. Erst eine Verdichtung der Entnahmepunkte ergab ein kleineres Halo, ein rundliches Maximum und Anomalien an einer Verwerfung. Fündige Bohrungen konnten nun auf der rundlichen positiven Anomalie und im Zentrum des kleineren Halos lokalisiert werden.

Die Ergebnisse von PRÖHL (1965) aus dem Gebiet des Schlotheimer Grabens zeigen die starke Richtwirkung von Verwerfungen auf die Migration der Kohlenwasserstoffe. Das ist bei jeder Interpretation zu berücksichtigen.

Positive Ergebnisse liegen auch aus der Sahara vor (GODARD, ISSENMANN, REBILLY in KROEPELIN 1967). Die Anomalien zeigen Halostruktur oder begleiten Verwerfungen.

ALIEW u. a. (1966) untersuchten die Effektivität von Messungen der Radioaktivität für die Kohlenwasserstofferkundung. 1958 bis 1961 konnten in Aserbaidshan 33 Anomalien per Flugzeug oder bei Bodenaufnahmen festgestellt werden. 21 Anomalien entsprachen schon bekannten Lagerstätten, die übrigen sind noch nicht erforscht. Neben Radioaktivitätsanomalien trat auch eine anomale Verteilung von Cr, Co und Ti auf. Dieses Ergebnis kann als befriedigend angesehen werden.

Eingang des Manuskripts in der Redaktion: 15. 11. 1968.

LEPLAT (1966) hat zum Nachweis der Kohlenwasserstoffe Pyrochromatographie verwendet. Er erhitzte Bodenproben 1,5 s lang auf 800 °C oder 5 Minuten auf 600 °C in verschiedenen Chromatographen. Der sich in den heißen Gasen einstellende Benzolgehalt wurde als Erkundungskriterium verwendet. Er lag in der Größenordnung von einen bis einigen Zehnern ppm. Auch hier befand sich die Testlagerstätte in einem relativen Minimum.

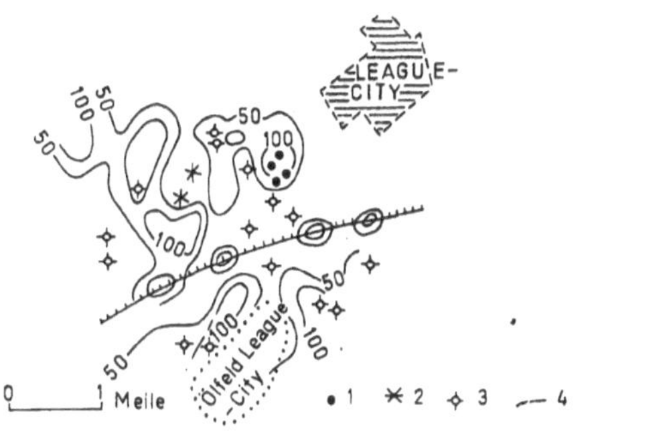

Abb. 1. Äthan-plus-Anomalien im Gebiet League-City (USA). Werte in ppb (Teile in der Milliarde) nach HORVITZ

1 – Erdölsonden; 2 – Erdgassonden; 3 – trockene Bohrung; 4 – Linien gleicher Äthan-plus-Werte (ppb)

Zur Verbesserung der Interpretation, die im Bereich der außerordentlich kleinen Konzentrationen von ppb sehr notwendig ist, haben ISSENMANN & GÉRARD (1966) einen bemerkenswerten Vorschlag gemacht. Sie gehen davon aus, daß die verschiedenen Variablen, die den Störpegel bilden (Ort, Bodenart, Feuchtigkeit, Entnahmetiefe), eine GAUSSsche Normalverteilung der Meßwerte ergeben. Wenn eine Erdöllagerstätte in der Tiefe vorhanden ist, müßte dieser Normalverteilung eine Anomalie aufgesetzt sein. Bei nichthomogenen Verhältnissen (z. B. verschiedene Entnahmetiefen, verschiedene Bodenarten) gibt es für jede Bedingungsgruppe eine Normalverteilung. Diese Normalverteilungen sind das Nullniveau der geochemischen Erkundung. Auf Wahrscheinlichkeitspapier ergeben diese Nullverteilungen gerade Linien. Kriterien für gesuchte Anomalien sind dann Werte größer als die Zentralwerte der Nullverteilung oder mehrfach vergrößerte Werte der Standardabweichungen. Mit einem geeigneten mathematischen Verfahren lassen sich die statistischen Nullverteilungen dann einfach von den gemessenen Verteilungen trennen. Dieses Verfahren ist wesentlich sicherer als das bisher verwendete, wo man durch Mitteilung von Meßwerten aus dem anomaliefreien Bereich einen Normalpegel ableitete.

Außer Anomalien von Äthan und höheren Homologen wurden neuerdings auch über Lagerstätten solche von Helium (MUSITSCHENKO & SLAWJAGINA 1967) gefunden. Bei Entnahmetiefen von 8 bis 20 m lagen die Konzentrationen in der Größenordnung von 10^{-3} bis 10^{-4}% in der Bodenluft. Ob dieses Kriterium allgemein gültig ist, muß sich noch erweisen.

Die Schwierigkeiten der Interpretation werden durch Messungen in der Wüste Kysil-Kum (SARAPOW & MARTYNOW 1967) deutlich. 1962, 1963 und 1964 wurden hier Bodengasmessungen ausgeführt, wobei die Ergebnisse außerordentlich schwankten. 1962 wurden 11 bis 95% H_2 und 0,1 bis 6% CH_4 nachgewiesen; 1963 0,1 bis 1,2% H_2 und 2 bis 5% CH_4; 1964 fehlten diese Komponenten. 1962 hielten reichliche Niederschläge die Gase im Boden fest, 1963 und 1964 fehlten Niederschläge, so daß die Gase an die Atmosphäre austraten und verlorengingen.

Die Aussagekraft der geochemischen Oberflächenprospektion wächst, wenn mehrere Verfahren verwendet werden. GŁOGOCZOWSKI u. a. (1967) zeigten, daß Anomalien methanoxydierender Bakterien mit Dislokationen und Antiklinalen zusammenhingen, Anomalien von propanoxydierenden Bakterien nur mit Dislokationen. Erdgas- und Bitumenanomalien waren diesen Anomalien zwar meist ähnlich, wurden aber viel stärker vom Gesteinsmilieu und den Bodenwässern beeinflußt.

Ein umfangreiches neues Anwendungsgebiet haben Oberflächenverfahren zur Dichtheitsprüfung unterirdischer Gasspeicher und der Installationen von Sonden in Gasfeldern gefunden. Bakterielle wie auch Gasspürmethoden werden jetzt allgemein verwendet. Fortschritte in der Interpretation mikrobiologischer Erkundungen wurden in der Sowjetunion gemacht. MOGILEWSKI (1967) weist nach, daß die Bakterienflora des Bodens in der Lage sein kann, alle aus der Tiefe kommenden Kohlenwasserstoffe abzubauen, so daß sie mit rein geochemischen Methoden nicht nachweisbar sind. Die Bakterien wirken also wie ein Filter, deshalb müssen diese Methoden kombiniert werden. In einer anderen Arbeit (MOGILEWSKI u. a. 1967) weist derselbe Autor auf die Veränderungen hin, die die im Wasser gelösten Kohlenwasserstoffe erfahren. Um diese Wirkungen darzustellen, schlägt er Koeffizienten vor, die Methan, seine Homologe und die nichtbrennbaren Gase miteinander verknüpfen.

2. Das Problem der Muttergesteine

Arbeiten zum Problem der Muttergesteine sind in den letzten Jahren in vielen Ländern ausgeführt worden. Die organische Theorie der Erdölentstehung kommt ohne Muttergesteine nicht aus. Was aber ein Muttergestein ist und welche Bedeutung es für die Erkundung hat, ist strittig und steht in Wechselbeziehung zu hypothetischen Vorstellungen über die Entstehung des Erdöls und des Erdgases. Man kann diese Vorstellungen grob in folgende Gruppen einteilen:

a) Frühdiagenetische Entstehung. Die Erdölbildung ist in den oberen Zonen der unverfestigten Schlämme ein vorwiegend biochemischer Prozeß, in Tiefen von einigen zehn Metern geht er in chemische Prozesse über. Die gebildeten Kohlenwasserstoffe werden vom Wasser gelöst und bei der Kompaktion zusammen mit dem Wasser ausgetrieben. Chemische und anaerobbiochemische Reaktionen verändern die Kohlenwasserstoffe auf ihrer weiteren Wanderung durch die Speichergesteine.

b) Tiefenentstehung. Das Erdöl entsteht in Tiefen ab 1500 bis 2000 m aus dem eingeschlossenen Gesteinsbitumen durch thermische und thermokatalytische Crackung. Als einphasiges, gasförmiges Medium verlassen die Kohlenwasserstoffe die Muttergesteine.

c) Die Erdölbildung ist ein in mehreren Etappen ablaufender Vorgang. Das frühdiagenetisch gebildete Öl bekommt später einen Zuschuß von thermisch-katalytisch entstandenem Erdöl.

Für die Gruppe a) ist die Kohlenwasserstoffbildung ein häufiger Prozeß, der besondere Ablagerungsbedingungen und geochemische Umstände erfordert, aber weit verbreitet ist. Die verbleibende organische Substanz und die gebildeten Öle durchlaufen sehr verschiedene Entwicklungen, und es erscheint kaum möglich, noch irgendwelche quantitativen Beziehungen zu finden, die ein Gestein als Muttergestein charakterisieren. Allenfalls wird es dabei wichtig sein, die allgemeinen geochemischen und Ablagerungsbedingungen zu klären. Die Lösungen können sich aber im Lauf der geologischen Geschichte weit von ihren Muttersedimenten entfernen, so daß auch Gebiete ohne Gesteine mit Muttergesteinscharakter höffig sind. Für die Gruppe b) ist die Suche nach Muttergesteinen vorrangig; sie beansprucht sogar, aus dem Umwandlungszustand der Gesteinsbitumina die Menge der ausgewanderten Kohlenwasserstoffe zu errechnen und auf diese Art prognostische Vorräte zu ermitteln.

Für die Gruppe c) hat die Ermittlung von Muttergesteinen nach der Methode der Gruppe b) den Charakter einer zusätzlichen Bestätigung für die Möglichkeit der Erdölbildung.

Es ist nicht verwunderlich, daß weitaus die meisten Forscher, die sich mit „Muttergesteinen" befassen, Anhänger der Hypothesengruppe b) sind. Für sie ist das Aufsuchen von Muttergesteinen eines der wichtigsten Erkundungshilfsmittel; viele Anhänger der Gruppe a) halten davon gar nichts. „Die Kenntnis der Muttergesteine hat wenig Wert, besonders wenn der ‚mineralartige' Ursprung der Kohlenwasserstoffe angenommen wird" (BAKER 1967).

Die Geochemie der rezenten Schlämme, also potentieller Muttergesteine, ist durch die Untersuchungen von EVANS, KENNY, MEINSCHEIN & BRAY (1957) sowie von KOONS u. a. (1965) und BRAY & EVANS (1965) weiter aufgeklärt worden. Sie untersuchten die n-Alkane in Organismen, in rezenten und in alten Sedimenten. Es ist bekannt, daß die Fettsäuren der Organismen (Bereich C_{12} bis C_{22}) eine starke Vormacht der Moleküle mit geradzahligen Kohlenstoffatomen haben. Bei Verlust der COOH-Gruppe entstehen daraus die n-Paraffine, die nunmehr eine ungeradzahlige Vormacht zeigen müßten. Das Verhältnis der ungeradzahligen zu den geradzahligen Kohlenstoffatomen der n-Paraffine ist der CPI (carbon preference index). In den Organismen selbst haben die n-Alkane ebenfalls eine ungeradzahlige Vormacht, sie ist gering in marinen Organismen, stark in Landpflanzen. Es ist nun bezeichnend, daß der CPI, der in rezenten Ablagerungen mehr als 10 betragen kann, in den alten Sedimenten nach und nach gegen 1 geht. Die tertiären Ölschiefer von Messel bei Darmstadt haben z. B. noch eine starke ungerade Vormacht in den Paraffinen (WELTE 1967). BRAY & EVANS (1965) untersuchten eine große Anzahl von Schiefertonen und fanden bei 10% noch eine starke ungerade Vormacht, bei 30% war der CPI ~ 1, der Rest hatte Werte etwas über 1. Gesteine mit hohem Anteil an Kohlenwasserstoffen in der organischen Substanz hatten die kleinsten CPI. Diese Gesteine wurden, weil sie das erdölähnlichste Bitumen enthielten, von diesen Autoren als Muttergesteine betrachtet. Bereits MARTIN, WINTERS & WILLIAMS (1963) hatten gefunden, daß der CPI in Erdölen ~ 1 ist; nur in einigen wenigen jungen Ölen fanden sich im Bereich von C_{11} bis C_{19} Reste der ungeradzahligen Vormacht. Daß diese Vormacht in den Erdölen verlorengeht, braucht nicht eine Entwicklung zu sein, die sich im Gesteinsbitumen vollzieht. Der Befund kann vielmehr auf einen Abtransport der Kohlenwasserstoffe durch Lösungen hinweisen; denn bei der allgemein geringen Löslichkeit der Kohlenwasserstoffe in Wasser dürfte sich das unterschiedliche Angebot an Molekülen mit verschiedenen C-Zahlen nicht mehr in der Lösung widerspiegeln, solange die Lösungsmöglichkeit weit unterhalb der minimalen angebotenen n-Paraffinmengen liegt. Da die n-Alkane C_3 bis C_9, die die Hauptmasse in den meisten Erdölen ausmachen, höchstwahrscheinlich spätere Bildungen sind, sind die in diesem Bereich herrschenden CPI = 1 sehr verständlich. Dazu passen die Ergebnisse von COOPER (1962), der in den Wässern von Speichergesteinen geradkettige Fettsäuren von C_{14} bis C_{30} fand, deren CPI = 1 war. Neuerdings fanden WELTE & EBHARDT (1968) in einem Bohrkern vom Boden des Persischen Golfs in 2000 bis 9000 Jahre alten Sedimenten eine Vormacht der geradzahligen n-Paraffine C_{16} und C_{18}. Sie liegen genau im Bereich der häufigsten Fettsäuren C_{16} und C_{18} (Palmitin- und Stearinsäure). Daraus ist zu schließen, daß außer Dekarboxylierung auch gelegentlich Hydrierung stattfinden muß. Die Autoren nehmen, da das Reduktionsmilieu generell nicht erkennbar war, ein stellenweises „Mikroreduktionsmilieu" an. Nach den Arbeiten von PHILIP (1963) und WALKER (1963) ist aber auch eine biochemische Reduktion von Fettsäuren durch *Aspergillus niger* und *Clostridium* möglich.

Viele Arbeiten haben sich in den letzten Jahren mit den Veränderungen der Bitumina im Gestein beschäftigt, weil man darin einen Hinweis auf Muttergesteine erwartete und sogar hoffte, prognostische Erdölvorräte für ein bestimmtes Gebiet zu errechnen. Anlaß dazu war die schon länger bekannte Tatsache, daß im Lauf der Entwicklung die Gesteinsbitumina mehr und mehr reduziert werden, also an Erdölcharakter zunehmen. Einen interessanten Beitrag dazu hat NERUTSCHEW (1966) geliefert. Er fand, daß sich in einer Tiefe von 1500 m (Tone) bis 2000 m (Karbonate) verschiedene Eigenschaften der Gesteinsbitumina ziemlich plötzlich ändern. So nimmt z. B. (Abb. 2) der Gehalt an den Heteroelementen O + N + S stark zu. Das wird mit der Auswanderung mobiler Kohlenwasserstoffe interpretiert, die bewirkt, daß sich die nichtmobilen sauren Bitumina und Harze relativ anreichern. Entsprechend nehmen die Kohlenwasserstoffe in den Bitumina der organischen Substanz an gleicher Stelle kräftig ab. Daraus ermittelt er den „Erdölabgabekoeffizienten"

$$K = \frac{100\,(C_E - C_R)}{C_M - C_R}$$

(C_E = Ausgangsbitumengehalt, C_R = Restbitumengehalt, C_M = migriertes Bitumen). Diese Formel benötigt die Kenntnis der Menge der ausgewanderten Bitumina, die sich theoretisch aus Abb. 2 ergibt. FILATOW (1967) fand die Angaben von NERUTSCHEW in Westsibirien bestätigt und empfiehlt Restakkumulationen von oxydierten Bitumina als Kriterien für Muttergesteine. LOUIS & TISSOT (1967) untersuchten die Abhängigkeit der Verhältnisse Bit. $A : C_R$; $KW : C_R$; $KW_{\text{gesättigt}} : C_{\text{org}}$ in Abhängigkeit von der Tiefe und bekamen ganz ähnliche Kurven wie NERUTSCHEW, mit starken Auslenkungen bei ca. 1500 m. Die Naphthene zu fünf und sechs Ringen nehmen in diesem Tiefenbereich stark ab. IWANZOWA, GLEBOWSKAJA & SWERTSCHKOW (1967) wollen als Kennwert für Muttergesteine die Wasserstoffanreicherung in der organischen Substanz verwenden. Der Kennwert hat (nach DOBRJANSKI) folgende Form:

$$K = \frac{C - 0{,}187\,\Sigma O + N + S}{H - 0{,}0625\,\Sigma O + N + S}$$

Für Muttergesteine soll er einen Wert von 7 bis 8 in den Bituminoiden und 10 bis 12 in der unlöslichen Substanz haben.

Ein ähnliches Ergebnis wie NERUTSCHEW erhielt schon PHILIPPI (1956); der Beginn der Kohlenwasserstoffmobilisation lag nach seinen Messungen in den USA bei ca. 2000 m. LOUIS (1966) fand in den "schistes cartons" des Toarce eine kräftige Zunahme der Kohlenwasserstoffe in ca. 1500 m Tiefe. LOUIS und seine Mitarbeiter im Französischen Erdölinstitut (KHALIFEH & LOUIS 1961) verwenden zur Kennzeichnung von Muttergesteinsbitumen die Verhältnisse $R_u : C_{\text{org}}$ und $C_r : C_{\text{org}}$ (R_u = Reduktionsvermögen, gemessen am notwendigen Sauerstoff, um eine gewisse Menge Bitumen zu oxydieren; C_r = Restkohlenstoff). Die Unterscheidung der Muttergesteine ergibt sich aus Abb. 3.

Eine Reihe von Forschern beurteilt die Muttergesteinsqualität nach dem Restkohlenstoff C_r im Gestein, ausgehend von der Annahme, daß nur wenige Prozente des Gesteinsbitumens mobilisierbar sind. Ein Gestein mit hohem C_r wird dann auch viel abgegeben haben. WELTE (1967) nimmt z. B. wie BITTERLI (1963) als untere Grenze 0,5% C_r an. Da der Restkohlenstoff mit dem Alter der Gesteine ansteigt (NERU-

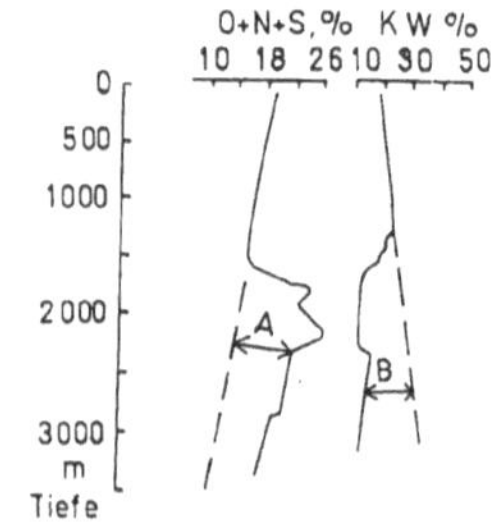

Abb. 2. Gehalt an Heteroelementen O + N + S und Kohlenwasserstoffen in Bituminoiden des organischen Gehalts in Sedimenten in Abhängigkeit von der Tiefe. A und B: ausgewanderte Mengen (nach NERUTSCHEW)

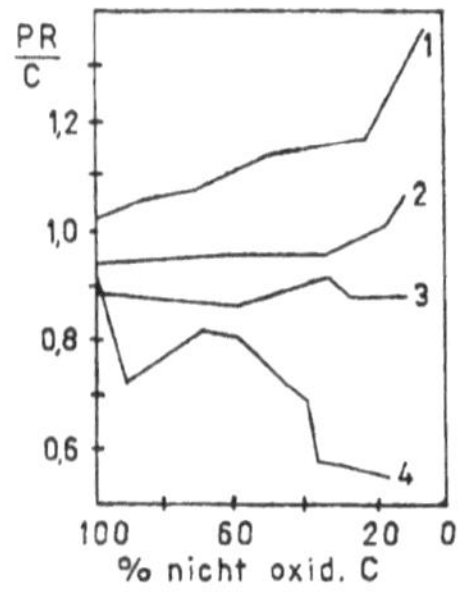

Abb. 3. Oxydationskurven nach KHALIFEH & LOUIS (1961) PR:C ist Reduktionsvermögen zu Gesamtkohlenstoff, aufgetragen gegen Prozent des nichtoxydierten organischen Kohlenstoffs

1 und 2 – wahrscheinlich Muttergesteine; 3 – rezentes Sediment; 4 – Nichtmuttergestein

TSCHEW 1966, ŠIMÁNEK 1967), muß das entgegengesetzte Verhalten auf eingewanderte (sekundäre) Kohlenwasserstoffe hinweisen. Daraus hat RODIONOWA Kriterien für syngenetische und sekundäre (gespeicherte) Bitumina entwickelt. Das Verhältnis von $\frac{\text{Bit. } A}{\text{org. Subst.}} \cdot 100$ ist ein solches Kriterium. Die Grenze zwischen syngenetischem und sekundärem Bitumen ergibt sich bei diesem Verhältnis zu 5 bei detritischen Gesteinen, zu 13 bei Karbonaten. Werte darüber zeigen sekundäre Bitumina an. Ähnlich lassen sich die Verhältnisse saure Bitumina zu neutralen Bitumina und saure Harze zu neutralen Harzen verwenden. Werte über eins zeigen primäre Bitumina an. Diese Kriterien sind aber nicht unproblematisch; denn es existieren dichte Tone, deren Bitumina danach sekundär sein müßten, was aber nicht möglich ist (LEHMANN u. a. 1967). IGNATOW (1967) versucht, zu einer quantitativen Aussage über Muttergesteine zu kommen, indem er eine Menge von mehr als 100 t trocknes organisches Sedimentationsmaterial pro km² und Jahr fordert. Das begründet er damit, daß mit steigender Menge an organischem Kohlenstoff das Redoxpotential abnimmt bis zu einem Wert, der Bituminierung gestattet. Aus diesem Grund besteht auch eine Abhängigkeit zwischen Sedimentationsrate und Bitumenführung, die er in einer Formel darstellt. WASSOJEWITSCH & ABRAMSON (1964) verwenden zur Kennzeichnung sekundärer Bitumina den Bituminierungskoeffizienten β, der den Grad der Umwandlung der organischen Substanz zu Kohlenwasserstoff angibt, seinerseits aber von der Gesamtmenge der organischen Substanz abhängt. Daher benutzten sie Diagramme β gegen organische Substanz. Sind Chloroform- und Alkohol-Benzol-Auszüge vorhanden, dann ist das Verhältnis der beiden bei primären Bitumina sehr klein. Aus der Elementaranalyse läßt sich ein Reduktionskoeffizient $W = \frac{C - H}{O + N + S}$ bilden, der bei sekundären Bitumina hoch ist. WASSOJEWITSCH betont aber, daß sich wegen der vielen Nebenumstände genaue Grenzzahlen nicht angeben lassen. Auch ŠIMÁNEK (1967) äußert die Meinung, daß die Menge der mobilisierbaren Bitumina in der organischen Substanz nichts über die Produktivität aussagt. Weitere Versuche, aus dem Verhältnis Extrakt zu Gesamtkohlenstoff quantitative Kriterien für Muttergesteine abzuleiten, machten BITTERLI (1963) und WELTE (1960). RODIONOWA (1967) rechnet zu den günstigen Muttergesteinen solche der sideritisch-sulfidischen und sulfidischen Fazies mit im Mittel 1,97% org. Substanz und 0,084% Kohlenwasserstoffen, hält aber auch noch für günstig Gesteine der sulfidisch-sideritischen geochem. Fazies mit im Mittel 0,019% Kohlenwasserstoff. Gesteine unter 0,02% Kohlenwasserstoff gehören nicht zu den Muttergesteinen. Die Meinung von BAKER wurde einleitend erwähnt. Ähnlich deutlich äußerte sich COLOMBO (1967), er betrachtet den Begriff „Muttergestein" als wenig faßbar und hält es für unmöglich, eine Scheidelinie zwischen den hypothetischen Mutter- und Nichtmuttergesteinen zu ziehen.

Viele Sedimente können zur Lagerstättenbildung beitragen; wenn wir uns auf spezielle Muttergesteine festlegen, dann schränken wir unsere Betrachtungen über die Entstehung des Erdöls unnötig ein.

Daß die Öle sicher nicht einem einzigen Prozeß entstammen, zeigen auch die mehrfachen Versuche, aus dem thermodynamischen Gleichgewicht auf Bildungstemperaturen zu schließen. Ein neues Beispiel gaben SOKOLOW & TABER (1967). Die berechneten Temperaturen schwankten bei den Komponenten gleicher Öle in einem derart großen Bereich (bei Temperaturen bis 2000 °C!), daß von einem Gleichgewicht keine Rede sein kann.

Ein Kardinalproblem für die Hypothese von der Tiefenentstehung des Erdöls ist die Erklärung der primären Migration. Zu den darüber bestehenden Ideen hat POWERS (1967) eine neue geliefert. Danach sind es der Verlust an Hydratationswasser und die Umwandlung von Montmorillonit zu Illit, die zwischen 2000 und 3000 m vor sich geht, die neue permeable Wege schaffen und gleichzeitig das Wasser für Lösung und Abtransport der Kohlenwasserstoffe liefern. Daher sollen nur montmorillonitische Gesteine Muttergesteine sein.

Da es viele Forscher nicht für möglich halten, wegen der Vielfältigkeit des Erdölbildungsprozesses Kriterien für den Muttergesteinscharakter aufzustellen, ist man bekanntermaßen seit langer Zeit den Weg gegangen, Ähnlichkeiten zwischen Sedimentbitumina und Erdölen herauszufinden und sie für die Entscheidung, ob Muttergesteine oder nicht, heranzuziehen. Obgleich die Versuche bisher wenig faßbare Ergebnisse brachten (die Gründe wurden im vorigen Fortschrittsbericht MEINHOLD 1965 dargelegt), sind auch in den letzten Jahren wieder neue Versuche unternommen worden. Benutzt wurden z. B. Porphyrinspektren (VAN EGGELPOEL 1966), eine Reihe von Komponenten, die sich bei der Migration nicht verändern, wie z. B. Porphyrine, Isoprenoide, Spurenelemente (WELTE 1967). Die Isoprenoidverteilung wurde im Gebiet des Gifhorner Trogs als geeignet für die Parallelisierung von Erdölen gefunden; ob sie auch die gewünschten Korrelationsmerkmale Muttergestein—Erdöl liefert, muß sich noch erweisen. RODIONOWA u. a. (1967) nehmen als Verwandtschaftskriterium die monoaromatischen Kohlenwasserstoffe, da die polyzyklischen bis biaromatischen Verbindungen im Muttergestein verbleiben, die monoaromatischen aber auswandern. LUDWIG & SCHMITZ (1966) versuchten, aus der Ähnlichkeit von DTA-Spektren Beziehungen zwischen Muttergestein und Erdöl herzustellen, IWANZOWA u. a. (1967) benutzten Infrarotspektren. RODIONOWA (1967) findet starke Ähnlichkeit in den Verhältnissen der hybriden Methan-Naphthen- zu den naphthen-aromatischen Kohlenwasserstoffen sowie in den Arten dieser Kohlenwasserstoffe zwischen Gesteinsbitumina und Erdölen im Wolga—Ural-Gebiet. BARBAT (1967) berichtet über solche chemischen Parallelisierungen aus Wyoming, Utah und Colorado.

Insgesamt aber bleibt nach wie vor die Feststellung gültig, daß wegen der verschiedenen Schicksale, die Öle und Gesteinsbitumen erfahren können, eine gesicherte Zuordnung sehr schwierig ist. Wenn in einem Erdölbecken eine solche Zuordnung nicht möglich ist, dann besagt das noch nicht, daß das Erdöl hier fremd ist. Insgesamt ist auch noch viel Arbeit nötig, ehe wir in bezug auf Muttergesteine auf gesichertem Boden stehen werden.

3. Die Metamorphose der Gesteinsbitumina

Die Veränderungen im Chemismus der Gesteinsbitumina mit Tiefe und Alter sind viel untersucht worden, besonders im Hinblick auf die Muttergesteinsfrage. Die mit zunehmender Tiefe auftretenden Veränderungen wurden im Kapitel „Problem der Muttergesteine" bereits erwähnt. Es wird nun oft behauptet, daß mit dem Alter die aus Kohlenwasserstoffen bestehende Ölkomponente zunimmt. Überblickt man die neueren Untersuchungen zu dieser Frage, dann kann man nur mit großen Einschränkungen dieser Behauptung zustimmen. Im wesentlichen ist es der Einfluß der Temperatur, der die Umwandlung bewirkt, wobei aber das Ausgangsmaterial und die geochemische Umgebung einen großen Einfluß haben. Das ergaben die Versuche von WELTE (1967) mit dem Ölschiefer von Messel, die Untersuchungen am Papierschiefer des Toarce von LOUIS (1966), von TISSOT (1967), von RODIONOWA im Wolga—Ural-Gebiet (1967), von WASSOJEWITSCH (1967) und von ŠIMÁNEK (1967) an Peliten in der ČSSR und vielen anderen.

MCIVER (1967) hat auf die außerordentliche Variabilität des „Kerogens", also der organischen Substanzen im Gestein hingewiesen, die den großen Raum zwischen „ölartiger" und „kohleartiger" Zusammensetzung einnehmen und daher einer besseren Klassifizierung bedürfen. Entsprechend sind auch die darin enthaltenen Bitumina von großer Verschiedenheit. Er benutzte daher genetisch zusammengehörige Proben und untersuchte die Veränderungen mit zunehmender Tiefe.

Die Veränderung der organischen Substanz verläuft bekanntlich in Richtung Abspaltung von Sauerstoff, dann in geringerem Maße von Wasserstoff und Anreicherung von C. Die Abspaltung kann in Form von Wasser (OH-Gruppe), von CO_2 und schließlich von leichten Kohlenwasserstoffen geschehen. In Abb. 4 ist von den fünf Beispielen MCIVERS eines dargestellt. Es zeigt, daß für die Proben in geringen Tiefen die CO_2-Abspaltung vorherrschend ist; in großen Tiefen muß aber eine Abspaltung von Kohlenwasserstoff erfolgen. Auch die anderen Beispiele zeigen Kombinationen aus den drei Möglichkeiten, wobei mit zunehmender Tiefe die Kohlenwasserstoffabspaltung überwiegt. Daß dies eine Folge thermischer Beeinflussung ist, zeigen Untersuchungen in einem Schieferton (Pierre Shale) mit Annäherung an einen Eruptivgang: Die Änderung der Zusammensetzung geht eindeutig auf Rechnung der Kohlenwasserstoffabspaltung. Das ist eine weitere Bestätigung des bereits von NERUTSCHEW (1962) veröffentlichten Forschungsergebnisses, wie sie in ähnlicher Form auch PHILIPPI (1956) und LOUIS & TISSOT (1967) erhielten.

Der Diagenesegrad, bei dem die Kohlenwasserstoffabspaltung wirksam wird, ist durch eine ganze Reihe von Arbeiten bekannt: Er liegt etwa entsprechend dem Inkohlungsstadium Hartbraunkohle bis Gasflammkohle (GUBARI 1967, JAKOB 1966, WASSOJEWITSCH 1967). Somit scheint also heute gesichert, daß sich die organische Substanz in den Gesteinen unter Wirkung steigender Temperatur in Richtung Kohlenwasserstoffe umwandelt, die dann als leicht mobile Substanzen in einer gewissen Tiefe (ca. 1500 bis 2000 m) vom Kerogen abgespalten werden, wobei dann aber gleichzeitig eine wachsende Menge hochkondensierter organischer Verbindungen als unlöslich im Gestein zurückbleibt.

Was chemisch geschieht, ist weniger gut bekannt. Folgende Beobachtungen wurden gemacht:

Die n-Alkane nehmen mit der Tiefe relativ zu den i-Alkanen zu (BOGOMOLOW 1967 u. ältere Arbeiten), ebenso gegenüber den Naphthenen; ferner nehmen zu die Anzahl der aromatischen Ringe gegenüber den naphthenischen Ringen und die Anzahl der aromatischen Kohlenstoffatome in bezug auf die Gesamtmenge der C-Atome (TISSOT 1967). In etwa 750 m Tiefe (60 °C) beginnen die großen naphthenischen Moleküle mit fünf und sechs Ringen zu zerfallen, bis 1400 m nehmen sie auf $^1/_5$ ab; die mit ein bis vier Ringen nehmen zu (LOUIS & TISSOT 1967). Die naphthen-aromatischen Verbindungen werden ebenfalls bei etwa 60°C reorganisiert, die großen Moleküle in kleinere und aromatischere Kerne gespalten. Es ist bemerkenswert, daß neben einfacheren Molekülen gleichzeitig hochmolekulare kondensierte Verbindungen entstehen.

Beträchtlich ist der Einfluß der Gesteinsumgebung auf die Umwandlung der organischen Substanz. Er ist aus vielen Arbeiten bekannt. Als Beispiel seien die Werte über die Zusammensetzung der niedermolekularen Fraktion aus einer Arbeit von DUNTON & HUNT (1962) angeführt. Die von diesen Autoren gemachten Angaben über die Lithologie der Gesteine sind zwar lückenhaft; es lassen sich aber die in dieser Arbeit veröffentlichten Häufigkeitsverteilungen in vier Gruppen ordnen, deren Alter höchst verschieden ist, die aber Beziehungen zur Lithologie zeigen (Abb. 5). Untersucht wurde die Verteilung der n-Paraffine C_4 bis C_8 und die der Zyklopentane (CP) und Zyklohexane (CH). Die Gruppe 1 in schwarzen und grauen Tonen zeigt ein Maximum in den Zyklopentanen; dies könnte auf katalytische Crackung hinweisen. Gruppe 2 in Karbonaten hat das Maximum bei C_4, was evtl. auf thermische Crackung hindeuten könnte. Gruppe 3 mit dem Maximum bei C_8 und Gruppe 4 könnten mehrstufige Entstehung haben. Weitere Beispiele sind dem vorangegangenen Fortschrittsbericht zu entnehmen (MEINHOLD 1965). Auch der Einfluß der Ausgangssubstanz spielt sicher eine Rolle, da eine Reihe typischer Eigenschaften der Zusammensetzung erhalten bleibt (BORDOWSKY 1967, SWAIN 1963, HOLMQUEST 1966, GEDENK 1966). GEDENK zog folgende Schlüsse: Aus fossiler Fauna entstehen schon sehr frühzeitig isoparaffinische und naphthenische Kohlenwasserstoffe, aus der fossilen Flora im Spätstadium durch thermische Zersetzung humoser Substanzen leichte Kohlenwasserstoffe mit normalparaffinischem Charakter sowie Gas.

Die Gruppe C_1 bis C_5 in der feinverteilten organischen Substanz wurde von ROGOSINA (1967) untersucht. Auch hier ergab sich eine Abhängigkeit der Isomerenverteilung von der Fazies. Wenn man vom Methan absieht, dann überwiegen in den Sapropeliten Propan und Butan, in den Humoliten und Saprohumoliten aber steht Äthan an erster Stelle. Dies berührt die Vorstellungen einiger anderer Forscher, die spezielle Gasmuttergesteine von vorwiegend humosem Charakter annehmen (z. B. BOTNEWA & SOKOLOW 1967). GULJAJEWA (1967) nimmt den Einfluß vom Salzgehalt der Meere an. Sie erklärt die hohen Bituminierungsgrade im Visé des Wolga—Ural-Gebiets und anderen Meeresbecken mit periodisch erhöhtem Salzgehalt. IGNATOW (1967) erklärt die bekannte Tatsache, daß der Bituminierungsgrad mit der Menge des organischen Kohlenstoffs im Gestein zunimmt, damit, daß das Redoxpotential mit wachsendem C_{org} negativer wird, das erklärt auch die Abhängigkeit zwischen der Sedimentationsrate und der Erdölführung produktiver Serien, die parallelgehen. Neben dem Klima betont auch NASARKIN (1967) die Wichtigkeit der Sedimentationsrate.

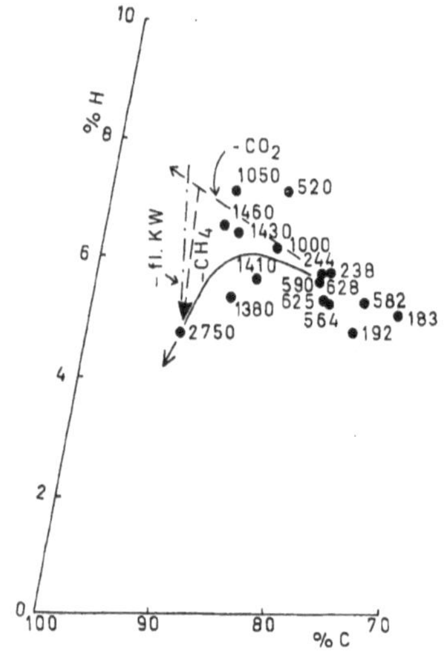

Abb. 4. Veränderung des Gesteinsbitumens im Mannville-shale der Kreide von Alberta (Canada) mit der Tiefe

Zahlen: Versenkungstiefe der Probe in m. Gerissene bzw. strichpunktierte Linien: theoretische Veränderung der Bitumina bei Abgabe von CO_2, CH_4 und flüssigen Kohlenwasserstoffen. Ausgezogene Kurve: aus Beobachtung resultierende Veränderung (nach MCIVER 1967, umgezeichnet und umgerechnet)

Schließlich wurde auch der Einfluß des Druckes auf die Umwandlung der organischen Substanz untersucht. SENJUKOW & TOLDYKINA (1967) konnten experimentell nachweisen, daß einige Reaktionen druckabhängig verlaufen. BOGOMOLOW & SCHIMANSKI (1966) bringen dazu ein geologisches Beispiel: Junge, geosynklinale Mittelostöle weisen ein anomal hohes Verhältnis n-Paraffine zu i-Paraffinen in der Gasolinfraktion auf, die Öle im Tafelgebiet des Perm-Beckens (USA) aber haben sehr wenig n-Paraffine.

4. Die Herkunft der niederen Alkane und Naphthene

Die Entstehung der niederen Alkane ist bekanntermaßen ein Schlüsselproblem der Erdölentstehung. Obgleich sich n-Paraffine bis C_6 in lebenden wie abgestorbenen Pflanzen finden, so sind doch deren Mengen außerordentlich klein, im Erdöl machen sie aber oft einen überragenden Anteil aus. Als Quellen für Paraffine kommen in Frage: Fettsäuren, Alkohole, freie Kohlenwasserstoffe, Steroide, Isoprenoide, Aminosäuren, Kohlehydrate und ähnliche Verbindungen. ERDMANN (1967) hat die verschiedenen theoretischen Möglichkeiten untersucht. Es sind dies: Degradation von Naphthenen zu Aromaten und Abtrennung von Paraffinketten von Ringverbindungen. Solche degradierten Produkte finden sich tatsächlich im Erdöl; die Reaktionen verlaufen in geologisch kurzer Zeit. Ferner kommen in Frage: Zersetzung von Aminosäuren, die langsam vor sich geht, aber durch Bentonite und Kernreaktionen katalysiert wird; ferner anaerobe bakterielle Fermentation, Dekarboxylierung von organischen Säuren und Crackung. In allen Fällen ist die Erklärung der Herkunft der Kohlenwasserstoffe C_6 bis C_{10} besonders schwierig. Die Forschung bedient sich, da die theoretische Erklärung so schwierig ist, vielfach des Experiments. LOUIS (1967) zeigte den großen Einfluß des katalytisch wirksamen Montmorillonits bei der Umwandlung naphthenischer Erdöle, wobei aber bei Erhitzung auf 180° im Dauerversuch (70 Tage) die Aromaten abnahmen, Harze und leichte Kohlenwasserstoffe zunahmen. Bei Erhitzung allein der gesättigten Komponenten mit Montmorillonit ergab sich jedoch eine Zunahme der Paraffine und Aromaten auf Kosten der Naphthene. Es ist also ersichtlich, daß kein einfaches Gesetz vorherrscht, sondern die Reaktionen sehr

Zeitschrift für angewandte Geologie, Bd. 15 (1969), Heft 4

stark von der Ölart abhängen. In keinem Fall konnte bei den Versuchen von LOUIS die Neubildung von gesättigten Verbindungen beobachtet werden. BESTOUGEFF (1967) stellte fest, daß Fettsäuren und Fettalkohole vorwiegend Paraffine mit längeren Ketten bildeten, dagegen ergaben die Seitenketten primärer fester Ringverbindungen die gewünschten kurzen Ketten bei milder thermischer Crackung. Er fand auch eine deutliche Verschiebung des Verteilungsmaximums der Paraffinkettenlängen vom Tertiär (C_{18} bis C_{28}) bis zum Kambrium (C_6). Ähnliche „Reifemerkmale" fand auch WELTE (1967). Diese Erkenntnis wird ebenfalls gestützt durch die Beobachtungen von SILVERMAN (1963) an den C^{13} : C^{12}-Verhältnissen der Öle, aus denen er folgerte, daß die leichten Kohlenwasserstoffe abgespaltenen Seitenketten entstammen könnten. Bei diesem Vorgang müßten durch Kondensation außerdem schwere, polyzyklische Aromaten entstehen. Das wird durch Beobachtungen an „gereiften" Ölen bestätigt. BOGOMOLOW & SCHIMANSKI (1967) untersuchten das thermodynamische Gleichgewicht verschiedener zusammen vorkommender Hexane. Es ergaben sich Werte um 1000 °C, die unmöglich sind, so daß man also von einem Gleichgewicht nicht sprechen kann. Sie fanden weniger eine Abhängigkeit der Verhältnisse zwischen Normal- und Isoparaffinen vom Alter, wohl aber von der tektonischen Beanspruchung (Druck) her, was damit erklärt wird, daß die als Ursprungsmaterial angesehenen Lipide und deren gesättigte Fragmente für die Umwandlung zu Normalparaffinen mehr Energie brauchen als für die nach Isoparaffinen. Betrachtet man einzelne Becken, dann ergibt sich eine Zunahme des Verhältnisses n-P : i-P mit der Lagerungstiefe (DADASCHEW 1961, MAKSIMOW u. a. 1959).

TISSOT (1966) hat sich, wie schon DOBRJANSKI (1961), mit der theoretischen Seite dieser Vorgänge befaßt. Um die möglichen Reaktionen zu ermitteln, gehen sie aus von der Stabilität der einzelnen Verbindungen, die eine Funktion (und zwar gegenläufig) der freien Enthalpie der Verbindungen ist. Dieses Gesetz erfordert Zunahme der leichten Kohlenwasserstoffe mit der Tiefe und Temperatur. Thermische Crackung führt dabei zu den Endgliedern Methan und Graphit, müßte also hauptsächlich n-Paraffine ergeben. Katalytische Crackung ergäbe dagegen mehr i-Paraffine und Zykloparaffine. Die Vormacht der n-Paraffine im Erdöl weist daher auf thermische Crackung als bevorzugten Vorgang hin. Daß keine Olefine gefunden werden, die eigentlich dabei entstehen müßten, sieht TISSOT wegen deren geringer Stabilität nicht als gravierend an.

Alle Beobachtungen zeigen also eine Entwicklung parallel mit physikalischen Bedingungen der Umgebung, was schwer erklärbar ist mit der Ansicht der Anorganiker, die eine Zufuhr aus der Tiefe während relativ kurzer Zeiträume annehmen.

EISMA & JURG (1967) erhitzten eine Fettsäure C_{21} im Langzeitversuch mit Ton und Wasser. Bei Gegenwart von Ton waren die Ausbeuten an C_2 bis C_5 etwa 5mal so hoch wie ohne

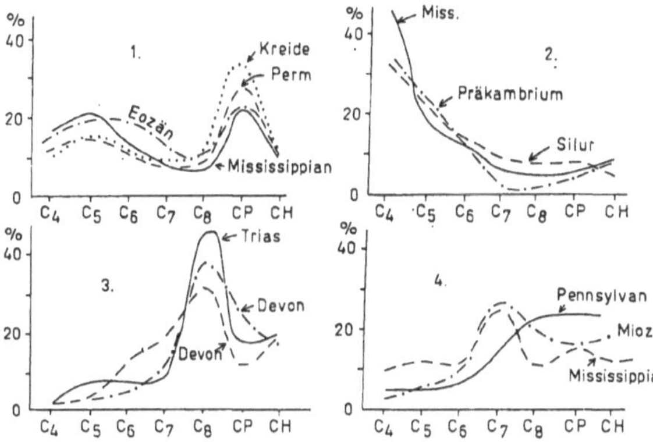

Abb. 5. Häufigkeitsverteilung der Kohlenwasserstoffe aus der organischen Substanz

C_4 bis C_8 : n-Paraffine, CP: Zyklopentane, CH: Zyklohexane
1 — tonige Gesteine, Eozän bis Mississippi, katalytische Crackung?; 2 — kalkige Gesteine, Präkambrium bis Mississippi, thermische Crackung?; 3 — kalkige und rote Tone, Devon bis Trias; 4 — Schluffe und Kalke, Miozän bis Mississippi

Ton. Bei Gegenwart von Wasser überwogen die n-Paraffine, ohne Wasser sehr stark die Isoparaffine; aber die Reaktionsfähigkeit des Tons (Kaolinits) war auch durch große Mengen Wasser nicht behindert. Mit steigender Temperatur stiegen die Ausbeuten an. Daneben entstanden Fettsäuren C_{15} bis C_{24}, aber auch eine geringe Menge von n-Alkanen mit längeren Ketten als das Ausgangsmaterial. Das Auftreten der langen Ketten, längeren als die im organischen Material vorhandenen, war bislang, wie bekannt, auch noch ein umstrittenes Problem. In großer Menge entstand das Alkan n-C_{21}, gebildet vermutlich mittels eines freien H-Atoms aus der Dekarboxylierung der Fettsäure. Die Autoren betrachten diesen Vorgang als eine mögliche Ursache für das Verschwinden der Vormacht der ungeraden C-Zahlen mit der Entwicklung.

RESNIKOW (1967) betrachtet ähnlich wie DOBRJANSKI die Naphthene als Ausgangsmaterialien für die leichten Kohlenwasserstoffe. Sie gehen in Aromaten und Methan-Kohlenwasserstoffe über. Das Reifemerkmal der Öle ist daher der Naphthenumwandlungsgrad. Die Art des Öles und viele sekundäre Einflüsse spielten eine große Rolle bei der Reaktion, die auch ganz anders ablaufen kann. GEDENK (1966) schließlich erklärt die Unterschiede der Isomerenverteilung bereits im Ausgangsmaterial: Aus der Fauna entstehen frühdiagenetisch Isoparaffine und Naphthene, aus der Flora durch thermische Crackung später Normalparaffine. Beide Produkte mischen sich während der Migration und geben die heutigen Gemenge. Schließlich liegen auch für die Möglichkeit biochemischer Entstehung der leichten Kohlenwasserstoffe neue und interessante Ergebnisse vor (DAVIS 1967). Fette werden durch anaerobe Mikroorganismen in Glyzerine und Fettsäuren gespalten, erstere dienen als Nahrung, letztere können anaerob umgewandelt werden zu Methylketonen, die schließlich in Kohlenwasserstoffe übergehen. So ist die Bildung von Alkoholen bei *Aspergillus niger* und *Chlostridium* sicher beobachtet (PHILIP u. a. 1963, WALKER u. a. 1963). Auch die Dekarboxylierung von Aminosäuren zu Aminen und ihre biologische Hydrierung zu Kohlenwasserstoffen wurde beobachtet.

Das Vorkommen von einfachen Zykloparaffinen ist gleicherweise noch rätselhaft, Zyklopentane und Zyklohexane, wie sie in Ölen vorkommen, sind in der Natur höchst selten. Neuere Arbeiten darüber sind Verf. nicht bekannt geworden, es bleibt nach wie vor die Möglichkeit der Zyklisierung durch die DIELS-ALDER-Reaktion oder die Entstehung aus dem Zerbrechen komplizierter Ringverbindungen, wie es DOBRJANSKI annahm.

Betrachtet man die Ergebnisse insgesamt, so sieht man, daß für die Herkunft der leichten Kohlenwasserstoffe Substanzen aus den Gesteinsbitumina, aus den Organismen direkt oder aus dem primären Erdöl heranzuziehen sind. Sie zeigen auch, daß Reaktionen verschiedener Art und verschiedener Richtung herangezogen werden können, die stark von den Umgebungsbedingungen abhängen, und ein einsinniger Prozeß nicht zu erwarten ist. Der Vorgang, wie er von DOBRJANSKI und TISSOT vorgestellt wurde und der zu thermodynamisch immer stabileren Kohlenwasserstoffen und schließlich zu Erdgas führt, ist nicht der einzige. Das zeigten auch die Untersuchungen von KISIELOW & RUDKOWSKA (1967) an polnischen Erdölen, wo sich auch statistisch kaum Unterschiede zwischen tertiären und mesozoischen Ölen im Umwandlungsgrad nach DOBRJANSKI ergaben. Schließlich gibt es auch Beobachtungen, daß die Metamorphose der Öle nach schwereren Typen geht, wobei allerdings zunächst der Bestand an Paraffinen und Naphthenen umgeschichtet, aber in der Masse nicht verändert wird, wo aber durch Oxydation kondensierte Verbindungen aus Aromaten entstehen. Hinzu treten neu Schwefelverbindungen und andere schwere Neubildungen, wie im Kapitel 5. dargestellt.

Auch hier haben die neuen Forschungen die Vielschichtigkeit der Vorgänge klargemacht. Welcher Vorgang im einzelnen der vorherrschende ist, bleibt noch zu klären.

Seitens der Anorganiker, die die Herkunft der leichten Kohlenwasserstoffe aus dem Mantel und der tieferen Kruste herleiten, wurden ebenfalls einige neuere Forschungsergebnisse beigetragen. KRAWZOW (1967) fand in den Gasen der Kimberlit-Pipes Sibiriens CH_4, höhere Kohlenwasserstoffe, CO und viel H_2. Er erwartet in den Tiefenzonen eine Reaktion $2FeO + H_2O \rightarrow Fe_2O_3 + H_2$ oder $3FeO + H_2O \rightarrow Fe_3O_4 + H_2$. Sie wurde am Vulkan Awatschi in Kamtschatka

nachgeprüft, indem drei Andesitproben 1 km, 0,5 km und unmittelbar vom Vulkanschlot entnommen wurden. Die Analyse ergab tatsächlich, daß die Andesite unmittelbar am Schlot an FeO und H_2O verarmt waren, aber um das Doppelte angereichert an Fe_2O_3. In den Porengasen der Schlotandesite trat H_2 auf. Die weitere Reaktion soll dann so verlaufen:
$CO + 3H_2 = CH_4 + H_2O$ oder $CO_2 + 4H_2 = CH_4 + 2H_2O$. Diese Reaktion wurde im Labor nachgeahmt.

Eine anorganische Entstehung von CH_4 ist möglich, und auch einige „Organiker" (GŁOGOCZOWSKI 1966) halten es für möglich, daß solche anorganisch gebildeten Gase hydrierend und mobilisierend auf organisch gebildete Bitumina wirken und so eigentlich erst zum flüssigen Erdöl führen. Diese Möglichkeit kann nicht ausgeschlossen werden. Die große Masse der Erdölsubstanzen kann aber nicht diesen Tiefengasen entstammen, gerade weil die Beziehungen des Erdöls zu seiner lithologischen, physikalischen und geochemischen Umwelt so vielfältig sind und es außerdem die bekanntermaßen zahlreichen Substanzen in den Erdölen gibt, die nicht synthetisierbar sind und nicht nur als „Verunreinigungen" des anorganisch gebildeten Erdöls betrachtet werden können. Das gilt auch noch dann, wenn, wie Zeitungsberichte erkennen lassen, mit ziemlich außergewöhnlichen Mitteln Porphyrinkerne anorganisch herstellbar sind.

5. Die Metamorphose der Erdöle

Nach der Vorstellung, daß das Erdöl bei thermisch-katalytischen Vorgängen in ca. 1500 bis 2000 m entsteht, in Gasphase auswandert und benachbarte Speichergesteine sättigt, müßten die Ähnlichkeiten zwischen Mutter- und emigrierter Substanz überwiegen. Das kann aber nicht behauptet werden. Andererseits besteht die Diskrepanz, auf die auch TISSOT (1966) hingewiesen hat, daß nämlich die behaupteten thermisch-katalytischen Reaktionen in geringen Teufen mit vernachlässigbar kleiner Geschwindigkeit verlaufen, in Zonen, in denen also noch reichlich Wasser und Permeabilität für die Migration vorhanden sind. Dort aber, wo sie nach den physikalischen Bedingungen ablaufen könnten, also ab 1500 bis 2000 m Tiefe, ist die Permeabilität sehr klein. Diese Überlegungen zusammen mit den Tatsachen, daß in den Ölen solche thermischen Reaktionen vor sich gegangen sein müssen und daß es aber außerdem darin Bestandteile gibt, die wegen ihres Dampfdrucks nicht durch eine Gasphase gegangen sein können und nicht durch thermische Reaktionen entstanden sind, daß es Verbindungen komplizierter Art gibt, wie sie auch in lebenden Organismen vorkommen, daß fernerhin weite Migrationen im Wasser höchstwahrscheinlich sind, führen zu der Vorstellung, daß es ein frühdiagenetisch gebildetes Erdöl geben muß, das während seiner Wanderung im Gestein im Laufe der Zeit umgewandelt wird.

Für diese Umwandlungen werden meist mechanische und physikalische Prozesse herangezogen. Mechanische und Grenzflächenkräfte sollen größere und verzweigte Moleküle und die Adsorption (chromatographischer Effekt) soll polare, aber auch polymorphe Komponenten zurückhalten.

Die Forschungen der letzten Jahre haben folgende Ergebnisse gebracht: RESNIKOW (1967) nimmt ein naphthenisches Urerdöl an und vermutet, daß in der Zone der Katagenese (70 bis 110 °C nach WASSOJEWITSCH) die Naphthene in Paraffine und Aromaten umgewandelt werden. Diese Naphthene entstammen nach den Vorstellungen von BOGOMOLOW (1967) zyklisierten höheren Fettsäuren und Alkoholen, ein Vorgang, dem BOGOMOLOW große Bedeutung für die Erdölentstehung zumißt. Der Umwandlungsgrad soll sogar das Alter der Öle angeben, wofür RESNIKOW die Formel

$$T = 7140/\left[\left(0{,}245 + \frac{1}{P_n}\right) t_s\right]$$ angibt (T in Mill. Jahren; t_s Schichttemperatur; P_n Umwandlungsgrad $= A \cdot M^3/N^4$, wobei A = Aromatengehalt, M = Paraffingehalt, N = Naphthengehalt sind). Benutzt wird dabei die Fraktion bis 200 °C Siedetemperatur. Die Frage ist nur, wie man dabei alle anderen „störenden" Einflüsse berücksichtigen will. Solche können z. B. die umbildenden Wirkungen der Tonkolloide sein. Viele Untersuchungen dazu wurden angestellt. Sie beruhen meist auf der Vorstellung des wandernden Erdöls als mehr oder weniger porenfüllenden Mediums. So suchten BOTNEWA & SCHULOWA (1967) im Westkuban-Becken den Zusammenhang zwischen dem Tongehalt der Speichergesteine und der Erdölqualität, der an anderen Stellen positiv gewesen sein soll. Der Erfolg war sehr gering, ein deutlicher Zusammenhang war nicht erkennbar. Daß aber ein Zusammenhang zwischen gebildeter Kohlenwasserstoffmenge und Montmorillonitgehalt der Schichtfolgen besteht, ist aus mehreren anderen Arbeiten (z. B. WEAVER 1960, NOSOV 1964) bekannt. In synsedimentären Bitumina (z. B. im polnischen Zechstein, KARPINSKI 1967) wächst die Ölfraktion mit dem Tongehalt an. Aber diese Beobachtungen dürften Vorgänge im Muttersediment (Erhaltung der organischen Substanz wegen Adsorption, Katalyse, große Wassermengen für Lösung) widerspiegeln und nicht mit den Tongehalten der Speichergesteine zusammenhängen. Die katalytischen Vorgänge brauchen einen engen Kontakt zwischen Katalysator und reagierenden Stoffen; im Speichergestein, in dem die Ölkomponenten in einem Vielfachen an Wasser migrieren, ist das selten gegeben.

Daß die Stoffe in gelöster Form wandern, findet eine neue Stütze in den Untersuchungen von NEUMANN & JOBELIUS (1966). Sie fanden Phenole und Alkalinaphthenate im Erdöl, die imstande sind, Emulsionen zu stabilisieren. Ein weiterer Versuch von NEUMANN (1966) zur Klärung des chromatographischen Effekts ergab, daß Öl, durch trockenes Marmorpulver gedrückt, den gewünschten Effekt ergab, nicht aber, wenn das Pulver vorher mit Wasser benetzt war. Viele Versuche früherer Zeit zum Nachweis des chromatographischen Effekts erfolgten meist mit trockenen Gesteinen, diese sind unter natürlichen Verhältnissen kaum vorhanden. Damit bliebe nur eine Lösungschromatographie, die nicht sehr wirksam zu sein scheint. GŁOGOCZOWSKI (1967) macht neben der Chromatographie auf einen weiteren Effekt aufmerksam. Wenn ein Kohlenwasserstoffgemisch durch ein Gestein strömt, werden in ihm vorhandene organische Bestandteile herausgelöst, die in der Lage sind, das Erdöl in Richtung auf einen schwereren Typ zu verändern. Wandert das Öl dann durch ein bitumenfreies Gestein, dann bewirkt die Adsorption den umgekehrten Effekt. Der genannte Autor hat auch versucht, die Vorgänge während der Migration mittels Dünnschicht- und Papierchromatographie zu modellieren. Aber auch diese modellierten Vorgänge können erst auf ein spätes Migrationsstadium angewendet werden, wenn das Erdöl schon die Poren weitgehend füllt. Das ist aber für den größten Teil des Weges, den es zurücklegt, nicht der Fall.

Oxydation und Sulfurierung während der Migration fanden erneut WORONOW (1967) und BULEKBAJEW (1967).

Schließlich ist auch die biochemische anaerobe Oxydation von Kohlenwasserstoffen durch Mikroben von DAVIS u. a. (1966) mittels radioaktiv markierter Kohlenwasserstoffe bündig nachgewiesen worden. Bei der Oxydation durch *Desulfovibrio desulfuricans* entstehen gleichzeitig hochaktive Schwefelverbindungen, welche die Schwefelung der Öle bewirken. Die verschiedenen Möglichkeiten der rein chemischen Oxydation in den Porenwässern können hier nicht wiederholt werden, sie finden sich z. B. bei KARZEW (1964). Sie führt allgemein zu einer Anreicherung mit schweren Komponenten. Weitere Beobachtungen zu diesem Fragenkreis: In Grosny (A. A. KARZEW 1963) enthalten die Wässer über 70 °C und unter 15 °C Sulfate, die dazwischenliegenden sind sulfatfrei. In dem genannten Temperaturbereich liegt aber auch der Lebensbereich der Desulfurizierer. Ähnliche Beobachtungen gibt es auf Apscheron. Daß die chemische Zusammensetzung der Wässer gesetzmäßige Beziehungen zur Zusammensetzung der Öle zeigt, ist bekannt.

Als weiterer Einfluß kommt die Trennung der Komponenten durch Diffusion hinzu, welche die gasförmigen Bestandteile betrifft. WITHERSPOON & SARAF (1967) haben nachgewiesen, daß der Diffusionskoeffizient von der Molekülgröße abhängt, was zu einer weiteren Fraktionierung führt.

Überblickt man diese vielfältigen Prozesse, deren Aufzählung durchaus noch nicht vollständig ist, dann ergibt sich folgendes Bild: Das gebildete Urerdöl verändert sich im Speichergestein durch thermodynamische Vorgänge, katalytische Prozesse, Einfluß der geochemischen Umgebung, physikalische Kräfte, sekundäre Vorgänge während der Migration, wie Oxydation, Diffusion, biochemische Einwirkung, chromatographische Fraktionierung und vielleicht auch radioaktive Strahlung. Dieser letztere Vorgang ist allerdings noch nicht gesichert.

Die thermodynamische Metamorphose, am besten begründet durch DOBRJANSKI und KARZEW, führt zum allmählichen Verschwinden der primären polymorphen Komponenten und zur Anreicherung von einfacheren Kohlenwasserstoffen. Im weiteren Verlauf der Entwicklung gehen die leichten Komponenten in Richtung Methan, die schwereren aber werden kondensiert und bewegen sich in Richtung der sekundären Harze und schließlich Graphit. Da im späten Stadium Methan diffundiert, bleiben schwere Öltypen zurück. Diesem Vorgang, der als „primärer" bezeichnet werden kann, überlagern sich sekundäre. Sie können sowohl zu leichteren Ölen führen, aber auch zu schwereren mit Anreicherung von Harzen und Asphaltenen. Dabei kommt es sehr darauf an, ob sich das Öl noch in Lösung befindet oder das Gestein bereits porenfüllend einnimmt. Darauf wurde bereits in einer früheren Arbeit hingewiesen (MEINHOLD 1964). Dort wurde auch der Versuch gemacht, anhand geologischer Beispiele nachzuweisen, daß in vielen Fällen die sekundären Prozesse über die primären dominieren. Insgesamt wäre es also vermessen, aus rein chemischen Kriterien etwas über die Migrationsrichtung auszusagen, wenn geologische Hinweise fehlen.

6. Isotopengeochemie

In den letzten Jahren sind viele Versuche gemacht worden, die Isotopenverhältnisse des Kohlenstoffs ($^{12}C : ^{13}C$) und des Schwefels ($^{32}S : ^{34}S$) für Aussagen in der Erdölgeologie zu benutzen.

Folgende Gesetzmäßigkeiten scheinen nunmehr gesichert: Die Isotopenverteilung des Kohlenstoffs wird weitgehend vom Ausgangsmilieu bestimmt (ALEXEJEW 1967, LEBEDEW u. a. 1967, HUNT & DEGENS 1967). Bakterielle Umwandlungen erzeugen Verbindungen mit stark angereichertem leichtem Kohlenstoff, die isotop schwersten Verbindungen sind magmatischer Entstehung (LEBEDEW u. a. 1967). Der schwere Kohlenstoff nimmt vom Meer bis zum Land ab. Entscheidend ist dabei das Angebot an CO_2. Im Süßwasser ist das Angebot an CO_2 hoch, im Meere ist dagegen mehr HCO_3 vorhanden (HUNT & DEGENS 1967), dessen $\delta^{13}C$-Wert ungefähr Null ist, während er im gelösten CO_2 ca. 7‰ ist. Isotop leichter Kohlenstoff wird von Kaltwasserorganismen wesentlich stärker bevorzugt als von Warmwasserorganismen. Vergessen darf man dabei nicht die Beobachtungen von SILVERMAN & WEEKS (1958), daß sich schon in rezenten Sedimenten die Isotopenverhältnisse auf ganz kurze Entfernung ändern können. HOLSER & KAPLAN (1966) fanden, daß sich das S-Isotopenverhältnis in anorganischen Stoffen vom Kambrium bis Perm systematisch in Richtung Vermehrung des leichten Schwefels veränderte. Ein ähnliches Verhalten tritt noch einmal von Trias bis rezent auf.

Während der Migration kommt es dann höchstwahrscheinlich zu Fraktionierungen. MÜLLER & WIENHOLZ (1967) stellten fest, daß sich bei der Migration in normal porösen Gesteinen schwerer Kohlenstoff anreichert. In klüftigen Gesteinen aber befindet sich das leichte Methan in höherer Lage als das schwere. Sie konnten das durch Experimente erhärten, die allerdings kein allgemeingültiges geologisches Modell darstellen und weitere Versuche erfordern, die noch durchgeführt werden.

SACKETT (1968) erklärt als Ergebnis seiner Experimente die Unterschiede in der Isotopenverteilung des Methans hauptsächlich durch die Temperatur bei thermischer Spaltung des Ausgangsmaterials und durch die Zeit. Die Migration soll nur eine untergeordnete Rolle spielen. Daher sind die wirklichen Vorgänge bei der Fraktionierung während der Migration noch immer strittig. Die meisten Beobachter fanden eine Zunahme von ^{12}C in Migrationsrichtung (COLOMBO 1967, GALIMOW 1967, STAHL 1967), aber in einem hochporösen Sandstein aus einem Untergrundspeicher ausgewandertes Methan zeigte Abnahme von ^{12}C (GALIMOW 1967). Diese widersprechenden Ergebnisse liegen vermutlich darin begründet, daß die Migration ein zusammengesetzter Vorgang ist, bestehend aus freier Strömung, Kapillarosmose, Diffusion, Sorption, Lösung und Entlösung. Bei völlig freier Strömung scheint ^{13}C in Migrationsrichtung relativ abzunehmen, bei den anderen Vorgängen (außer Sorption) scheint der umgekehrte Effekt zu überwiegen. Da nun im einzelnen die Vorgänge bei der Migration nur schwer analysierbar sind, ist auch die Art der Isotopenfraktionierung schwer vorauszuschauen.

In bezug auf Schwefelisotopen liegen ähnliche Beobachtungen vor. Nach PANKINA (1967) ist die Isotopenverteilung abhängig vom Ablagerungsmilieu, das Verhältnis $^{32}S : ^{34}S$ der Meeresorganismen liegt nahe an demjenigen der Sulfate im Meerwasser (PANKINA & MECHTIWA 1967). Die Erdöle verschiedenen Alters unterscheiden sich daher wegen der verschiedenen Ablagerungsbedingungen und Genese (PANKINA & BERLJAWSKI 1968). Diese Unterschiede können aber auch durch verschiedene sekundäre Einflüsse erklärt werden, wobei Mikroben eine entscheidende Rolle spielen (MECHTIEWA 1967). Fraktionierungen während der Migration sind möglich. Auch bei Stickstoff ist das wahrscheinlich, wobei der leichtere Stickstoff vorangeht (MÜLLER & WIENHOLZ 1967). Andere Forscher verneinen diese Möglichkeit, besonders in bezug auf Schwefelisotope.

Angesichts der noch vielen offenstehenden Fragen ist bisher aus den Isotopenverhältnissen von S, C und N eine bündige Aussage über Ablagerungsbedingungen während der Erdölgenese und das weitere Schicksal der gebildeten Kohlenwasserstoffe noch nicht möglich. Diese Methode ist aber nach wie vor geeignet, in vielen Fällen Schlüsse über die Zusammengehörigkeit von Kohlenwasserstoffvorkommen zu ziehen.

7. Hydrogeochemie

Neben vielen Routineuntersuchungen auf dem Gebiet der Hydrogeochemie, die Material für die Stützung bestehender Hypothesen zu liefern vermögen, ist als bemerkenswerte Veröffentlichung der letzten Jahre eine neue Monographie von KREJCI-GRAF u. a. (1966) über die Geochemie der Wässer im Wiener Becken zu nennen. Die von den Autoren gegebene Interpretation besagt, daß zwar die Art des Salzgehalts der Wässer des Wiener Beckens mit der Salinitätsfazies des Ablagerungsraums im Zusammenhang steht, es handelt sich aber nicht um eingeschlossene Sedimentationswässer, sondern um Fremdwässer verschiedener Herkunft, die durch die Zersetzungsprodukte der organischen Materie stark modifiziert wurden. Das Verhältnis Na : Cl ist brauchbar für die Bestimmung der Salinitätsfazies; Bor zeigte hingegen keinen Zusammenhang. Ergänzungen zu diesen Untersuchungen gibt die Arbeit von KVĚT (1967).

Nach WOLJASCHKO (1965) eignet sich Brom zur Unterscheidung von eingeschlossenem Meerwasser, Ablaugungswasser und Restlaugen, weil sich Brom in den Restlaugen anreichert. Ähnliche Ergebnisse veröffentlichte RITTENHOUSE (1967).

Interessant ist der Versuch von SHIGALIN (1967) mittels des He : Ar-Verhältnisses der im Wasser gelösten Gase das „Alter" der Wässer zu bestimmen, was für ein Beispiel im Gebiet von Stawropol gezeigt wird. Die Ergebnisse zeigten geologisch nicht immer erklärbare starke Streuungen, vermutlich wegen Fremdquellen für He oder Ar.

Zusammengefaßt kann man die gegenwärtigen Ansichten über den Zusammenhang zwischen Geochemie der Wässer und Erkundungsproblemen so formulieren:

Geschlossene hydromechanische Systeme werden durch Natriumchloridwässer charakterisiert, die im Verlauf der Metamorphose einen starken Kalziumchloridanteil erhalten, durch Ionenaustausch und -filtration weit über das Niveau des Meerwassers mineralisiert werden können und so gewisse Aussagen über die Salinitätsfazies zulassen. Der Ursprung der Wässer kann sowohl in eingeschlossenem Sedimentationswasser oder später eingedrungenem meteorischem Wasser liegen. Das kann heute nicht mehr entschieden werden.

Offene Systeme enthalten geringer konzentrierte Natriumbikarbonatwässer mit mehr oder weniger hohem Anteil an Sulfaten. Beide Typen werden im Zusammenhang mit Erdöllagerstätten verändert, die Veränderung geht in Richtung kräftiger Reduktion und Zuschuß biogener Stoffe.

Da Kohlenwasserstofflagerstätten mit offenen und geschlossenen hydromechanischen Systemen vorkommen können, sind Kriterien für Lagerstätten nicht nur der Wassertyp, sondern auch die gelösten Kohlenwasserstoffgase, die löslichen Erdölbestandteile, wie Naphthensäuren, Phenole, Ölsäuren.

8. Schlußfolgerungen

1. Die geochemische Prospektion hat ihre Nützlichkeit erwiesen, wenn auch viele Störfaktoren noch nicht genau untersucht sind und die Interpretation weiterhin schwierig ist.

2. Die Bedeutung der Muttergesteine im Sinne von bituminösen Sedimentgesteinen, die unter bestimmten Druck- und Temperaturbedingungen Erdöl abgeben, ist nicht geklärt. Die Abgrenzung dieser Art Muttergesteine von Nichtmuttergesteinen ist nach wie vor schwierig. Ungenau bekannt ist auch noch die Rolle, die das frühdiagenetisch gebildete Öl gegenüber dem spätdiagenetisch aus Muttergesteinen gebildeten spielt.

3. Bezüglich der Metamorphose der Bitumina ist es erwiesen, daß in ca. 1500 bis 2000 m Tiefe eine Umwandlung der Gesteinsbitumina in Richtung Kohlenwasserstoffe erfolgt, vermutlich durch thermisch-katalytische Prozesse. Diese so gebildeten Kohlenwasserstoffe bilden sicherlich einen Zuschuß zu dem frühdiagenetisch gebildeten Öl. Die Bilanz dieser Vorgänge ist nicht bekannt.

4. Bezüglich der Herkunft der niederen Alkane und Naphthene geht aus Experimenten und Beobachtungen in der Natur hervor, daß durch chemische und biochemische Vorgänge aus organischem Sedimentmaterial niedere n-Paraffine entstehen können. Der wahrscheinlichste Vorgang ist die Abspaltung von Seitenketten zyklischer Moleküle. Aber auch die thermische Spaltung langer Ketten ist möglich. Obgleich die anorganische Entstehung der niederen Alkane möglich ist, besteht keine Notwendigkeit für eine solche Annahme.

5. Daß sich Öle während der Migration verändern, kann als erwiesen gelten. Im einzelnen sind aber die chemischen und biochemischen Vorgänge noch nicht hinreichend erforscht.

6. Die Isotopengeochemie enthält noch zuviel ungelöste Probleme, so daß der ursprüngliche Enthusiasmus in der Beurteilung dieser Verfahren merklich abgekühlt ist. Für Zwecke der Parallelisierung (C-Isotopen) und der Temperatur und Salinitätsbestimmung (O-Isotopen) sind sie gut brauchbar. Für Aussagen über die Kohlenwasserstoffgenese reichen die bisherigen Forschungen noch nicht aus.

7. In der Hydrogeochemie sind die gelösten organischen Komponenten die wichtigsten für die Erkundung von Lagerstätten brauchbaren Kriterien.

Zusammenfassung

Anhand geochemischer Forschungen der letzten Jahre in verschiedenen Teilen der Erde wird der gegenwärtige Stand der Erkenntnis bei verschiedenen Problemen der Erdölgeochemie dargestellt. Auf dem Gebiete der geochemischen Prospektion wurden besondere Fortschritte bei der mathematischen Interpretation gemacht. Viele Versuche zielten auf die Abgrenzung von Muttergesteinen gegen Nichtmuttergesteine. Dieses Problem ist noch nicht befriedigend gelöst, insbesondere ist die Rolle des frühdiagenetisch gebildeten Erdöls gegenüber dem spätdiagenetisch aus Gesteinsbitumen gebildeten noch nicht geklärt. Andererseits ist es jetzt ziemlich sicher, daß in 1500 bis 2000 m Tiefe eine stark gesteigerte Umwandlung von Gesteinsbitumina in Kohlenwasserstoffe stattfindet, vermutlich durch thermisch-katalytische Prozesse. Zum Problem Herkunft der niederen Alkane und Zykloalkane haben theoretische und experimentelle Untersuchungen eine Reihe von Mechanismen erkennen lassen, die vielleicht eine endgültige Lösung ermöglichen. Es kann ferner als erwiesen gelten, daß sich die Erdöle während der Migration im Speichergestein weiter umbilden, die Vorgänge sind aber noch nicht hinreichend erforscht. In der Isotopengeochemie haben sich die Hoffnungen, Aussagen über die Genese von Kohlenwasserstoffen machen zu können, noch nicht erfüllt.

Резюме

На основе геохимических исследований последних лет в различных частях земного шара описывается современный уровень познаний по различным проблемам геохимии нефти. В области геохимических поисков особенные успехи были достигнуты при математической интерпретации. Многочисленные опыты были направлены на разграничение материнских пород. Эта проблема пока не решена удовлетворительно, особенно не выяснена пока роль раннедиагенетически образовавшейся нефти по отношению к позднедиагенетически из битуминозного вещества пород образовавшейся нефти. С другой стороны, сейчас довольно точно известно, что на глубинах от 1500 до 2000 м происходит резко повышенное превращение битуминозного вещества пород в углеводороды, предположительно посредством термо-каталитических процессов. По проблеме происхождения низких и циклических алканов теоретические и экспериментальные исследования позволили выделить ряд механизмов, которые возможно будут содействовать окончательному решению. Кроме того, можно считать доказанным, что нефти в период миграции в коллекторах преобразовываются дальше, но эти процессы пока еще недостаточно исследованы. В геохимии изотопов надежды на выводы о генезисе углеводородов пока еще не оправдались.

Summary

The current status of knowledge of various problems of oil geochemistry is described in the light of geochemical research work carried out in recent years in various parts of the world. In geochemical prospection progress was above all made in mathematical interpretation. Many attempts were aimed at delimitating source rocks from non-source rocks. This problem has not yet sufficiently been solved, in particular the role of oil formation due to early diagenetic processes as against that resulting from late diagenetic ones from Cerogen has not yet been cleared up. On the other hand, it is now rather certain that at a depth of 1,500 to 2,000 m a highly intensified transformation of rock bitumina into hydrocarbons takes place, presumably as a result of thermal-catalytic processes. As far as the origin of the light alkanes and cycloalkanes is concerned, a number of mechanisms perhaps enabling a final solution was revealed by theoretical and experimental investigations. Furthermore, it can be considered a fact that oils during their migration in the reservoir rock are transformed further. However, these processes have not yet sufficiently been investigated. In isotope geochemistry hopes for statements to be made on the genesis of hydrocarbons are still disappointed.

Literatur

ADAMSKI, R., & G. HÜNERBEIN: Zur Geochemie der Erdöle des Oberperm Nordostmecklenburgs. – 5. Intern. Geochem. Konf., Magdeburg 1967.

ALEXEJEW, F. A., u. a.: Isotopnyj sostaw ugleroda prirodnych uglewodorodow i nekotorye woprosy ich genesisa. – Geochimija, 5, S. 510 (1967).

ALIEW u. Autorenkollektiv: Primenenie radiometritscheskogo metoda w Prikaspijskoi – Kubinskoj neftegasonosnoj oblasti dlja poiskow saleshej nefti i gasa. – Aserb. Neftj. Chosj., 45, 7, 3–5, Baku 1966.

ALTOWSKIJ, M. E.: Gidrogeologitscheskie pokasateli neftegasonosnosti. – Isd. Nedra, Moskau 1967.

ASCHIROW, K. B.: O wremeni formirowanija nefjanych mestoroshdenij srednego Powolshja. – Genesis Nefti i gasa, Verl. Nedra, 576–582, Moskau 1967.

BAKER, E. G.: A. geochemical evaluation of petroleum migration and accumulation. – Fundamental aspects of petroleum geochemistry, Hrsg. Nagy u. Colombo, Elsevier Co., S. 299–329, Amsterdam–London–New York 1967.

BARBAT, V. N.: Crude-oil correlations and their role in exploration. – Bull. Amer. Assoc. Petrol. Geologists, 51, 7, 1255–1292, Tulsa (USA) 1967.

BARS, E. A., & S. S. KOGAN: Organitscheskoje weschtschestwo podsemnych wod neftegasonosnych oblastej. – Isd. Nedra, Moskau 1965.

BELSKY, T., R. B. JOHNS u. Autorenkollektiv: Evidence of life processes in a sediment two and a half billion years old. – Nature, 206, 446–448 (1965).

BENDORAITUS, I. G., B. L. BROWN & R. S. HEPNER: Isoprenoid hydrocarbons in petroleum. – Ann. Chem., 34, 49–53 (1962).

BESTOUGEFF, M. A.: Etude sur les „paraffines“ du pétrole. – Advances in organic geochemistry 1964, Hrsg. Hobson & Louis, Pergamon Press, 197–211, Oxford 1966.

– Petroleum hydrocarbons. – Fundamental aspects of petroleum geochemistry, Hrsg. Nagy u. Colombo, Elsevier Co., 77–108, Amsterdam–London–New York 1967.

BITTERLI, P.: Aspects of the genesis of bituminous rock sequences. – Geol. en Mijnbouw, 42, 6, 183–201 (1963) [1963a].
– Classification of bituminous rocks of western Europe. – Proc. VI. Welt-Petrol.-Kongr. Frankfurt 1963, Sect. I, p. 30 [1963b].
BOGOMOLOW, A. I.: Herkunft der leichten Methan-Kohlenwasserstoffe (russ.). – Geochimija, 1, S. 115 (1966).
BOGOMOLOW, A. I., & W. K. SHIMANSKY: The origin of the light paraffins in crude oils in the light of composition patterns. – Advances in organic geochemistry 1964, Hrsg. Hobson & Louis, Pergamon Press, 213–220, Oxford 1966.
BOKHOVEN, C., & H. I. THEEUWEN: Determination of the abundance of carbon and nitrogen isotopes in Dutch coals and natural gas. – Nature, 211, Nr. 8052, 927–929 (1966).
BOTNEWA, T. A., & N. S. SCHULOWA: Einfluß des Tongehaltes von Speichergesteinen auf die Veränderung der Eigenschaften von Erdölen (russ., Übers. vorh.). – Geologija Nefti i Gasa, 11, 5, 20–23, Moskau 1967.
BOTNEWA, T. A., & B. A. SOKOLOW: Uglewodorodnye i neuglewodorodnye komponenty prirodnych gasow, osobennosti ich obrasowanija s migrazii. – 5. Intern. Geochem. Konf., Magdeburg 1967.
BRAY, E. E., & E. D. EVANS: Distribution of n-paraffins as a clue to recognition of source beds. – Geochim. et Cosmochim. Acta, 22 (1961).
BULEKBAJEW, S. E., u. a.: Fisiko-chimitsheskaja charakteristika i ismenenie swojstw neftej wostotschnoj okrany Prikaspijskoj wpadiny. – Geologija Nefti i Gasa, 6, 55–56, Moskau 1967.
COLOMBO, U.: Aspetti geochimici dell'evoluzione del petrolio. – Rivist. Combust., 19, 1, 1–15 (1965).
– Origin and evolution of petroleum. – Fundamental aspects of petroleum geochemistry, Hrsg. Nagy u. Colombo, Elsevier Co., S. 331–369, Amsterdam–London–New York 1967.
COLOMBO, U., u. a.: Measurements of C^{13}/C^{12} isotope ratios on Italian natural gases and their geochemical interpretation. – Advances in organic geochemistry 1964, Hrsg. Hobson & Louis, Pergamon Press, S. 279–292, Oxford 1966.
COOPER, I. E.: Fatty acids in recent and ancient sediments and petroleum reservoir waters. – Nature, 193, 744–746 (1962).
COOPER, I. E., & E. E. BRAY: A postulated role of fatty acids in petroleum formation. – Geochim. et Cosmochim. Acta, 27, 1113–1127 (1963).
COSTANTINIDES, G., & G. ARICH: Non-hydrocarbon compounds in petroleum. – Fundamental aspects of petroleum geochemistry, Hrsg. Nagy u. Colombo, Elsevier Co., S. 109–175, Amsterdam–London–New York 1967.
CURTIS, C. D.: The incorporation of soluble organic matter into sediments and its effect on trace element assemblages. – Advances in organic geochemistry 1964, Hrsg. Hobson & Louis, Pergamon Press, S. 1–13, Oxford 1967.
DADASCHEW, F. G.: O raslitschii w uglewodorodnom sostawe gasow neftegasonosnych swit tretitschnowo kompleksa Aserbejdshana. – Geologija Nefti i Gasa, 7, 26–29, Moskau 1961.
– Geochimija prirodnych gasow Jushno-Kaspijskoj wpadiny i poiski son gasonakoplenija. – 5. Intern. Geochem. Konf., Magdeburg 1967.
DALLÜGGE, P.: Regionale Veränderungen der Gammastrahlung über Kohlenwasserstofflagerstätten. – Z. angew. Geol., 12, 6, 297–305, Berlin 1966.
DAVIDSON, I. M.: Geochemistry can help find oil if properly used. – World Oil, S. 94–106, July 1963.
DAVIS, I. B., & H. F. YARBROUGH: Anaerobic oxydation of hydrocarbons by Desulfovibrio desulfuricans. – Chemical Geology, Elsevier Verl., S. 137–144 (1966).
DOBRJANSKIJ, A. F.: Chimija nefti. – Gostoptechisdat (1961).
– La transformation du pétrole brut dans la nature. – Rev. de l'Inst. Franç. du Pétrole, 18, 1, S. 41 (1963).
DUNTON, M. L., & J. M. HUNT: Distribution of low molecular weight hydrocarbons in recent and ancient sediments. – Bull. Amer. Assoc. Petrol. Geologists, 46, 12, 2246–2248, Tulsa 1962.
EGGELPOEL, A. VAN: Comparaison entre les porphyrines extraites de la roche-réservoir d'Ozouri et celles de l'huile. – Advances in organic geochemistry 1964, Hrsg. Hobson & Louis, Pergamon Press, 227–242, Oxford 1966.
EGLINTON, G., u. a.: Occurrence of isoprenoid alkanes in a Precambrian sediment. – Advances in organic geochemistry 1964, Hrsg. Hobson & Louis, Pergamon Press, 41–74, Oxford 1966.
EISMA, E., & J. W. JURG: Fundamental aspects of the diagenesis of organic matter and the formation of petroleum. – Vortr. 7. Welt-Erdöl-Kongr., PD 1, 113–137 (1967).
ERDMANN, J. G.: Geochemical origins of the low molecular weight hydrocarbon constituents of petroleum and natural gases. – Vortr. 7. Welt-Erdöl-Kongr., PD 1, 21–44 (1967).
EVANS, E. D., G. S. KENNY u. a.: Distribution of n-paraffins and separation of saturated hydrocarbons from recent marine sediments. – Anal. Chem., 29, 1858–1861 (1957).
FILATOW, S. S.: K diagnostike nefteproiswodiwschiich otloshenij mesozoja sapadnoj Sibiri. – Geologija Nefti i Gasa, 11, 4, 17–21, Moskau 1967.
GALIMOW, E. M.: O korreljazionnoj swjasi gasodershanija s radioaktiwnostju pliocenowych glin sapadnoj tschasti prikaspijskoj wpadiny. – Geologija Nefti i Gasa, 2, 27–30, Moskau 1967 [1967a].
– Vortrag Arbeitstagung stabile Isotope, Leipzig 1967 [1967b].
GEDENK, R.: Zur geochemischen Beurteilung und Genese von Kohlenwasserstoff-Ansammlungen. – Erdöl u. Kohle, E., P., 19, 10, 720–727 (1966).
GŁOGOCZOWSKI, I. I.: Nouvelles méthodes d'analyse des substances bitumineuses. – Advances in organic geochemistry 1964, Hrsg. Hobson & Louis, Pergamon Press, 115–128, Oxford 1966.
– Erwägungen über Faktoren, die die Veränderung der Zusammensetzung des Erdöls hervorrufen und die Frage deren Modellierung. – Vortr. Intern. Geochem. Konf., Magdeburg 1967.
GŁOGOCZOWSKI, I. I., u. a.: Die Entwicklung der Erdölgeochemie in den Jahren 1964 bis 1967. – 5. Intern. Geochem. Konf., Magdeburg 1967.
GRÁF, L., & J. TÓTH: Die individuelle Zusammensetzung der ungarischen Erdgase und leichten Kohlenwasserstofffraktionen sowie die geochemische Bedeutung ihrer Isomerenverteilung. – 5. Intern. Geochem. Konf., Magdeburg 1967.

GULJAJEWA, L. A.: Geochimitscheskie poskasateli i bituminosnost morskich i kontinentalnych solenosnych tolschtsch. – 5. Intern. Geochem. Konf., Magdeburg 1967.
GURARI, F. G., u. a.: Uslowija formirowanija i sakonomernosti rasmeschtschenija saleshej nefti i gasa. – Genesis Nefti i Gasa (Vortr. Genese-Konf. Moskau), S. 562–569, Verl. Nedra, Moskau 1967.
HEDBERG, H. D.: Geological aspects of origin of petroleum. – Bull. Amer. Assoc. Petrol. Geologists, 48, 1755–1803, Tulsa 1964.
– Geologic controls on petroleum genesis. – Vortr. 7. Welt-Erdöl-Kongr., PD 1, 1–20 (1967).
HELLER, W.: Organisch-chemische Untersuchungen im Posidonienschiefer Schwabens. – Advances in organic geochemistry 1964, Hrsg. Hobson & Louis, Pergamon Press, 75–84, Oxford 1966.
HOBSON, G. D., & M. C. LOUIS (Hrsgb.): Advances in Organic Geochemistry 1964. – Int. Ser. of Monographs in Earth Sciences, Vol. 24, Pergamon Press, Oxford ec. 1966.
HOLMQUEST, H. I.: Stratigraphic analysis of source bed occurrences and reservoir oil gravities. – Bull. Amer. Assoc. Petrol. Geologists, 50, 7, 1478–1486, Tulsa 1966.
HOLSER, W. T., & I. R. KAPLAN: Isotope geochemistry of sedimentary sulfates. – Chemical Geol. 1, 93–135 (1966).
HORVITZ, L.: Case histories show results of drilling geochemical prospects. – World Oil, 161–165, Nov. 1965.
HUNT, I. M., & E. T. DEGENS: Vortrag Arbeitstagung stabile Isotope, Leipzig 1967.
IGNATOW, B. F.: Paleobiologitscheskaja produktiwnost waschnejschij kriterij pri regionalnych prognosach neftenosnosti. – Geologija Nefti i Gasa, S. 93–100, Moskau 1967.
ISSENMANN, O., & R. E. GÉRARD: Application of data processing methods to the geochemical prospection for petroleum. – 3. Int. Meeting on Organic Geochemistry, London 1966.
IWANZOWA, W. W., u. a.: O sostawe bitumoidow glinistich porod Sapadno-Sibirskoj nishmennosti. – Geologija Nefti i Gasa, 11, 4, 21–29, Moskau 1967.
JAKOB, H.: Komplexuntersuchung zur Frage des Bituminierungsprozesses in Sedimenten. – Advances in organic geochemistry 1964, Hrsg. Hobson & Louis, Pergamon Press, 15–39, Oxford 1966.
KALINKO, M. K., & T. A. BOTNEWA: Razional' nyj kompleks geochimitscheskich issledowanij na rasnych stadiach poiskowo-raswedotschnych rabot na nefti i gas. – 5. Intern. Geochem. Konf., Magdeburg 1967.
KARASKIEWICZ, I.: Die mikrobiologische Entparaffinierung der Erdöllagerstätten in der bohrlochnahen Zone. – 5. Intern. Geochem. Konf., Magdeburg 1967.
KARPINSKI, T.: Geochemische Charakteristik des Hauptdolomits des Sudetenvorlandes. – Vortr. 5. Intern. Geochem. Konf., Magdeburg 1967.
KARZEW, A. A.: Geochimitscheskaja ewoluziaja neftej. – Geolog. Neftegason. Rajonow SSR, Trudy. Min. Wysschego i Sredn. Spez. Obras. SSSR, Wy. 27, 53–69 (1960).
– Gidrogeologija neftjanych i gasowych mestoroshdenij. – Gostoptechisdat, Moskau 1963.
KHALIFEH, V., & M. LOUIS: Etude de la matière organique dans les roches sédimentaires. – Geochim. et Cosmochim. Acta, 22, 50–57 (1961).
KISIELOW, W., & A. PAWLOWSKA-MARZEO: Some regularities of group and structural composition of Polish crude oils and their geochemical interpretation. – Advances in organic geochemistry 1964, Hrsg. Hobson & Louis, Pergamon Press, 221, Oxford 1966.
KISIELOW, W., & M. RUTKOWSKA: Über die geochemische Bedeutung der n-Paraffinverteilung nach der Siedetemperatur der Erdölfraktionen. – 5. Intern. Geochem. Konf., Magdeburg 1967.
KOLODIJ, W. W.: Gidrogeologitscheskie uslowija neftegasonakoplenija w wostotschnoj tschasti Jushno-Kaspijskoj oblasti progibanija. – Genesis Nefti i Gasa (Vortr. Genese-Konf. Moskau), 648, Verl. Nedra, Moskau 1967.
KOONS, C. B., u. a.: Normal alkane distributions in marine organisms, possible significance to petroleum origin. – Bull. Amer. Assoc. Petrol. Geologists, 49, 3, 301–316, Tulsa 1965.
KRAWZOW, A. I.: Geochimitsheskaja schema obrasowanija metana i shidkich uglewodorodow pri magmatitsheskich prozessach. – Genesis Nefti i Gasa (Vortr. Genese-Konf. Moskau), 314–325, Verl. Nedra, Moskau 1967.
KREJCI-GRAF, K., u. a.: Zur Geochemie des Wiener Beckens. – Geolog. Mitteil., 7, 49–108, Aachen 1966.
KROEPELIN, H.: Geochemical prospecting. – Vortr. 7. Welt-Erdöl-Kongr., RP 3 (1967).
KVĚT, R.: Die heutigen Ansichten über die Genese und Metamorphose der Erdölwässer. – 5. Intern. Geochem. Konf., Magdeburg 1967.
LEHMANN, J., G. HÜNERBEIN & J. LÜCK: Die disperse organische Substanz in mesozoischen Sedimenten des Nordostdeutschen Flachlandes. – 5. Intern. Geochem. Konf., Magdeburg 1967.
LEPLAT, P.: Geochemical prospecting for petroleum. – 3rd Int. Meeting in Organic Geochemistry, London 1966.
LOUIS, M.: Etudes géochimiques sur les „Schistes Cartons" du Toarcien du Bassin de Paris. – Advances in organic geochemistry 1964, Hrsg. Hobson & Louis, Pergamon Press, 85–94, Oxford 1966 [1966a].
– Essais sur l'évolution de pétrole à faible température en présence de minéraux. – Advances in organic geochemistry 1964, Hrsg. Hobson & Louis, Pergamon Press, 261–278, Oxford 1966 [1966b].
– Reconnaissance des roches mères du pétrole. – Enciclopedia del Petrolio e del Gas Naturale, E. N. I., Rom 1967.
– Les corps optiquement actifs et l'origine du pétrole. – Revue de l'Inst. Franç. du Pétrole, 23, 3, 299–314 (1968).
LOUIS, M. C., & B. P. TISSOT: Influence de la température et de la pression sur la formation des hydrocarbures dans les argiles à kérogène. – Vortr. 7. Welt-Erdöl-Kongr., PD 1, 87–112 (1967).
LUDWIG, G., & H. H. SCHMITZ: Untersuchungen zur Fazies devonischer Schiefertone der Curuá-Gruppe des Amazonas-Beckens. – Erdöl u. Kohle, E., P., 19, 12, 873–882 (1966).
MAKSIMOW, S. P., u. a.: Sakonomernosti ismenenija sostawa poputnych gasow. – Geologija Nefti i Gasa, Nr. 1, Moskau 1959.

Martin, R. L., I. C. Winters & I. A. Williams: Distribution of n-paraffins in crude oils and their implications to origins of petroleum. – Nature, 199, 110–113 (1963).

McIver, R. D.: Composition of Kerogen-clue to its role in the origin of petroleum. – Vortr. 7. Welt-Erdöl-Kongr., PD 1, 45–62 (1967).

Mechtiewa, W. L.: Ismenenie isotopnogo sostawa sery neftej pod wosdejstwiem bakterialnych prozessow. – 5. Intern. Geochem. Konf., Magdeburg 1967.

Meinhold, R.: Fortschritte in der geochemischen Erkundung auf Kohlenwasserstoffe. – Z. angew. Geol., 11, 11, 595–603, Berlin 1965.

– Über den Zusammenhang geothermischer, hydrodynamischer und geochemischer Anomalien und deren Bedeutung für die Klärung der Entstehung von Erdöllagerstätten. – Z. angew. Geol., 14, 5, 233–240, Berlin 1968.

Michaliček, M.: Die heutigen Ansichten über die Genese von Erdgasen der Tschechoslowakischen Karpaten. – 5. Intern. Geochem. Konf., Magdeburg 1967.

Mogilewskij, G. A.: Ob ismenenii i nowoobrasawanii uglewodorodnych gasow w sone gipergenesa. – Genesis Nefti i Gasa (Vortr. Genese-Konf. Moskau), Verl. Nedra, S. 217–224, Moskau 1967.

Mogilewskij, G. A., u. a.: Bakterienfilter in der Zone der Erdöl- und Gaslagerstätten, seine Besonderheiten und Untersuchungsmethoden. – 5. Intern. Geochem. Konf., Magdeburg 1967.

Müller, E. P.: Geochemische Gesetzmäßigkeiten und Isotopengeochemie der organischen Substanz im Oberperm des Nordostdeutschen Flachlandes. – 5. Intern. Geochem. Konf., Magdeburg 1967.

Müller, P., & R. Wienholz: Bestimmung der natürlichen Variationen der Kohlenstoffisotope in Erdöl- und Erdgaskomponenten und ihre Beziehung zur Genese. – Z. angew. Geol., 13, 9, 456–461, Berlin 1967.

Musitschenko, N. I., & I. I. Slawjagina: Der Charakter der Heliumanzeichen über den Erdöl- und Gaslagerstätten. – 5. Intern. Geochem. Konf., Magdeburg 1967.

Nagy, B., & U. Colombo (Hrsg.): Fundamental aspects of petroleum geochemistry. – Elsevier Publ. Co., 388 S., Amsterdam 1967.

Nasarkin, L. A.: Paleoklimatitscheski obuslowlennoje rasmeschtschenie neftjanych mestoroshdenij. – Genesis Nefti i Gasa (Vortr. Genese-Konf. Moskau), Verl. Nedra, S. 87–93, Moskau 1967.

Neglia, S., & L. Favretto: Relationship between geochemical parameters in the black shales of the south-east Sicilian Triassic Basin. – Advances in organic geochemistry 1964, Hrsg. Hobson & Louis, Pergamon Press, 95–113, Oxford 1966.

Nerutschew, S. G.: Nefteproiswodjaschtschie swity i migrazija nefti. – Gostoptechisdat, Moskau 1962.

– Sakonomernosti preobrasowanija rassejannogo organitscheskogo veschtschestwa. – Genesis Nefti i Gasa (Vortr. Genese-Konf. Moskau), Verl. Nedra, S. 71–77, Moskau 1967.

Nerutschew, S. G., & J. C. Kowatschewa: O wlijanii geologitscheskich uslowij na welitschinu nefteotdatschi materinskich porod. – Dokl. Ak. Nauk SSSR, 162, 4 (1965).

Neumann, H. J.: Untersuchungen zur Benetzung in Lagerstätten und zur Erdölmigration. – Erdöl u. Kohle, E., P., 3, S. 171 (1966).

Neumann, H. J., & H. Jobelius: Nachweis von Emulgatoren in Erdölen und Ölfeldwässern als Beitrag zum Problem der Erdölmigration. – Vortr. Ref. Erdöl u. Kohle, E., P., 19, 11, 789 (1966).

Nikonow, W. F.: O swjasi gasonosti neftenosti i swojst w neftej i gasow s glubinnum stroenieni semnoi kori. – Genesis Nefti i Gasa (Vortr. Genese-Konf. Moskau), Verl. Nedra, 326, Moskau 1967.

Nyssen, R., A. van Eggelpoel & J. M. Godard: Contribution à la géochimie de surface sur le permis de Colomb-Béchar (Sahara). – Advances in organic geochemistry 1964, Hrsg. Hobson & Louis, Pergamon Press, 303–315, Oxford 1966.

Pankina, R. G.: Isotopnyj sostaw sery i wodoroda neftej kak pokasatel nekotorych paleogeochimitscheskich osobennostej neftematerinskogo bassejna. – Geochimija, 5, S. 583 (1967).

Pankina, R. G., & W. I. Berljawskij: Obrasowanie neftej Karpatskogo regiona w swete issledowanija isotopnogo sostawa sery. – Neftegas. Geol. i Geof., 2, 37–40 (1968).

Pankina, R. G., & W. L. Mechtiewa: K woprosu o proischoshdenii sery neftej w swete isotopnych issledowanij. – Genesis Nefti i Gasa (Vortr. Genese-Konf. Moskau), Verl. Nedra, 186–192, Moskau 1967.

Pankina, R. G., u. a.: Vortrag Arbeitstagung stabile Isotope, Leipzig 1967.

Petersilje, I. A.: Organische Verbindungen in Eruptiv- und metamorphen Gesteinen. – 5. Intern. Geochem. Konf., Magdeburg 1967.

Philip, E. T., u. a.: Some effects of sodium n-butyrate on the behaviour of Aspergillus niger growing on a glucose medium. – Arch. Bioch. Bioph., 102, 238–241 (1963).

Philippi, G. T.: Identification of oil source beds by chemical means. – Int. Geol. Congr. 20th, Rept. 3, S. 25–38, Mexiko 1956.

– On the depth, time and mechanism of petroleum generation. – Geochim. et Cosmoch. Acta, 29, Nr. 9 (1965).

Pirson, S. J.: Projective well log interpretation. – World Oil, Bd. 157, Nr. 5 u. Nr. 6 (1963), sowie Bd. 159, Nr. 2 u. Nr. 4.

Poulet, M.: Problèmes posés par la migration secondaire du pétrole et sa mise en place dans les gisements. – Revue de l'Inst. Franç. de Pétr., 23, 2, 159–173 (1968).

Powers, M. C.: Fluid-release mechanisms in compacting marine mudrocks and their importance in oil exploration. – Bull. Amer. Assoc. Petrol. Geologists, 7, 1240–1254, Tulsa 1967.

Pröhl, S.: Erfahrungen mit der Methode der Kohlenwasserstoffprospektion (Gasvermessung) in der DDR. – Práce Výzkum. Úst. ČS. Naft. Dol., XXIV, 1, 101–114 (1965).

Resnikow, A. N.: Über die geochemische Umwandlung von Erdölen und Kondensaten im Bereich der Katagenese. – Geologija Nefti i Gasa, 5, S. 24–29, Moskau 1967 (russ., Übers. vorh.).

Rittenhouse, G.: Bromine in oil-field waters and its use in determining possibilities of these waters. – Bull. Amer. Assoc. Petrol. Geologists, 51, 12, 2430–2440, Tulsa 1967.

Rodionowa, K. F.: Organitscheskoje veschtschestwo i neftematerinskie porody Devona Wolgo-Uralskoj neftegasonosnoj oblasti. – Verl. Nedra, Moskau 1967 [1967a].

– O neftematerinskich porodach paleosoja Wolga-Uralskoj neftegasonosnosti oblasti. – Genesis Nefti i Gasa (Vortr. Genese-Konf. Moskau), Verl. Nedra, S. 48–53, Moskau 1967 [1967b].

Rodionowa, K. F., u. a.: K charakteristike nafteno-aromatitscheskich uglewodorodow masljanoj frakzii dispersnogo organitscheskogo weschtschestwa porod i uglei. – Geologija Nefti i Gasa, 8, 47–52, Moskau 1967.

Rogosina, E. A.: Gasowaja fasa raslitschnych tipow rassejannogo organitscheskogo weschtschestwa. – Genesis Nefti i Gasa (Vortr. Genese-Konf. Moskau), Verl. Nedra, Moskau 1967.

Sackett, W. M.: Carbon isotope composition of natural methane-occurrences. – Bull. Amer. Assoc. Petrol. Geologists, 5, 853–857, Tulsa 1958.

Sackett, M., u. a.: Über die Isotopenzusammensetzung von organischem Kohlenstoff aus Meeresplankton und seine Beziehung zu marinen Sedimenten. – Erdöl u. Kohle, E., P., 19, 8, 562–564 (1966).

Sajdelson, M. I., S. J. Weinbaum u. a.: Ob effektiwnosti prjamych geochimitscheskich metodow poiskow nefti i gasa w Kujbyschewskom Powolshe. – Nefteg. Geol. i Geofis., 3, 51–56 (1967).

Salajew, S. G.: Geochimitscheskie kriterii poiskow gasowych saleshej w paleogen-miozenowych otloshenijach depresionnych son Aserbajdshana. – 5. Intern. Geochem. Konf., Magdeburg 1967.

Sarapow, I. D., & A. P. Martynow: Chimitscheskij sostaw potschwennogo gasa w sewernych Kysyl-Kumach. – Geologija Nefti i Gasa, 11, 6, 57–59, Moskau 1967.

Senjukow, W. M., & N. N. Taldykina: Snatschenie faktora dawlenija w obrasowanii uglewodorodow. – Genesis Nefti i Gasa (Vortr. Genese-Konf. Moskau), Verl. Nedra, 234–240, Moskau 1967.

Shigalin, B. I.: Wosrast podsemnych wod i prirodnych gasow Mesosoiskich otloshenij Asowo-Kubanskogo neftegasonosnogo bassejna. – Geologija Nefti i Gasa, 4, 42–47 (1967).

Shuse, T. P.: Sakonomernosti migrazii nefti w gasowoj ase. – 5. Intern. Geochem. Konf., Magdeburg 1967.

Silverman, S. R.: Carbon isotope geochemistry of petroleum and other natural organic material. – Vortr. III. Int. Wiss. Konf. Geochemie, Bd. 2, S. 328–339, Budapest 1963.

Silverman, S. R., & S. Weeks: Carbon isotopic compositions of petroleums and other sedimentary organic materials. – Bull. Amer. Assoc. Petrol. Geologists, 998–1012, Tulsa 1958.

Šimánek, V.: Die epigenetischen Bitumina vom Standpunkt der geochemischen Untersuchung der organischen Substanz. – 5. Intern. Geochem. Konf., Magdeburg 1967.

Sokolow, W. L., & A. M. Taber: O metodike ozenki temperatur nefteobrasowanija. – Geologija Nefti i Gasa, 11, 6, 34–36, Moskau 1967.

Sokolow, W. A., & W. F. Wolynez: O geochimitscheskom snatschenii raslitschnych form asota, wosnikajuschtschich pri metaformisme organitscheskogo veschtschestwa. – 5. Intern. Geochem. Konf., Magdeburg 1967.

Stahl, W. J.: Zur Methodik der $^{12}C/^{13}C$-Isotopen-Untersuchungen an Erdgasen. – Erdöl u. Kohle, E., P., 20, 8, 556–559 (1967).

Subbota, M. I.: Geochimitscheskie issledowanija sowremennogo gasoobrasowanija w wodoemach i grundowych wodach. – 5. Intern. Geochem. Konf., Magdeburg 1967.

Tissot, B.: Problèmes géochimiques de la genèse et de la migration du pétrole. – Rev. Inst. Franç. Pétr., 21, 11, 1621–1671 (1966).

Wagner, M.: Die Rolle der Mikroorganismen bei Druckerhaltungs- und Sekundärmaßnahmen. – 5. Intern. Geochem. Konf., Magdeburg 1967.

Walker, T. K., u. a.: Biological reduction of fatty acids. – Arch. Bioch. Biophys., 103, S. 156–157 (1963).

Wassojewitsch, N. B.: Teorija osadotschno-migrazionnogo proischoshdenija nefti. – Isw. Akad. Nauk SSSR, Ser. geolog., Nr. 11 (1967).

Wassojewitsch, N. B., & B. Ja. Abramson: Kriterii dlja oposnanija allochtonych bitumoidow w osadotschnych gornych porodach. – Geol. issled. na neft i gas w Wolga-Uralskoj obl. Isd. CNIITE neftegas (1964).

Wassojewitsch, N. B., u. a.: Uglewodorody w osadotschnoj oblotschke semli. – Vestnik Moskowskogo Univ., 21, 5, 36–48 (1967).

Wassojewitsch, N. B., u. a.: Hydrocarbons in the sedimentary mantle of the earth. – Vortr. 7. Welt-Erdöl-Kongr. Mexiko, P., D., Nr. 1, S. 63–86.

Weaver, Ch. E.: Possible uses of clay minerals in search for oil. – Bull. Amer. Assoc. Petrol. Geologists, 44, 9, 1505–1518 (1960).

Weber, W. W.: Geochimitscheskie isutschenie organitscheskogo wschtschestwa raslitschnych fazij tschetwertitschnych otloshenij. – 5. Intern. Geochem. Konf., Magdeburg 1967.

Weinbaum, S. R., M. I. Sajdelson & N. A. Koprowa: K woprosu o formirowanii saleshej nefti i gasa na jugowostoke Russkoj Platformy. – Genesis Nefti i Gasa (Vortr. Genese-Konf. Moskau), Verl. Nedra, S. 589 bis 594 (1967).

Welte, D. H.: Kohlenwasserstoffgenese in Sedimentgesteinen: Untersuchungen über den thermischen Abbau von Kerogen unter besonderer Berücksichtigung der n-Paraffinbildung. – Geol. Rundsch., 55, 1, 131 bis 144 (1966).

– Entwicklungsgeschichte von Erdölen auf Grund geochemisch-geologischer Untersuchungen. – Erdöl u. Kohle, E., P., 20, 2, 65–77 (1967).

Welte, D. H., & G. Ebhardt: Distribution of long chain n-paraffins and n-fatty acids in sediments from the Persian Gulf. – Geochim. et Cosmochim. Acta, 32, 465–466 (1968).

Witherspoon, P. A., & D. N. Saraf: Diffusion of methane, ethane, propane and n-butane in water. – Advances in org. chem. 1964, Pergamon Press, S. 259 (1966).

Witherspoon, P. A., & R. S. Winniford: The asphaltic components of petroleum. – Fundamental aspects of petroleum geochemistry, Hrsg. Nagy u. Colombo, Elsevier Co., 261–297 (1967).

Woljaschko, M. G.: Genesis der Salzsolen in der Sedimenthülle. – Freiberger Forsch.-H., C 190, 71–97 (1965).

Woronow, A. N.: O formirowanii sostawa gasowych saleshej kalinowskoj swity werchnej Permi. – Geologija Nefti i Gasa, 12, 34–37 (1967).

Eine vereinfachte Methode zur Bestimmung der Parameter von wasser- und erdölführenden Schichten

G. A. GARUNOW & G. A. MATAJEW, UdSSR

Zur rationellen Gewinnung aus erdöl- und wasserführenden Schichten werden hydrodynamische Untersuchungsmethoden eingesetzt, die auf der zeitlichen Veränderung des Sohlendrucks nach dem Schließen der Sonde basieren. Diese Methoden haben auch bei der Untersuchung unterirdischer Wässer große Bedeutung (KLIMENTOW u. a. 1961, KLIMENTOW 1961). Die üblichen Methoden zur Auswertung von Druckaufbaukurven unter Berücksichtigung des Flüssigkeitszulaufs in einer abgesperrten Zentralbohrung sind sehr arbeitsaufwendig, erfordern eine mehrfache graphische Integration und eine lang andauernde Absperrung der Bohrung (MATAJEW u. a. 1965). In Fällen, in denen der Flüssigkeitszufluß nicht berücksichtigt wird, werden die Schichtparameter (hydraulische Durchlässigkeit $\Gamma = \frac{kh}{\mu}$ und die Druckleitfähigkeit χ) an Hand der Größe des Abschnitts, der auf der Druckachse P abgeschnitten wird, und des Neigungswinkels des linearen Teils der Kurve, die in halblogarithmischen Koordinaten P und $\ln t$ konstruiert wird, bestimmt. Trotzdem ist der Teil der Darstellung, in dem die Funktion charakteristisch ist, im Ergebnis der starken Zusammendrängung der logarithmischen Zeitskala verkürzt, was die Bestimmung der Richtung des geradlinigen Teils erschwert. Deshalb ist der Arbeitsgang des Auszeichnens der geraden Linie im halblogarithmischen Koordinatensystem ungenau. Außerdem vergrößert die zusätzliche Umkonstruktion der Darstellungen den Arbeitsumfang erheblich.

In dem vorliegenden Artikel wird ein vereinfachtes analytisches Verfahren zur Bestimmung der Parameter von wasser- und erdölführenden Schichten nach den Angaben der Veränderung des Sohlendrucks in der abgesperrten Bohrung ohne Berücksichtigung des Flüssigkeitszustroms vorgelegt.

Die Druckaufbaukurve kann in erster Annäherung durch eine logarithmische Funktion ausgedrückt werden. Bei praktischen Berechnungen wird für die Untersuchungen nach der Methode des Druckaufbaus folgende angenäherte Formel verwendet (BAN u. a. 1962, SMIRNOW 1961, STSCHELKATSCHEW 1959):

$$p = \frac{q\mu}{4\pi kh} \ln \frac{2{,}25\,\chi t}{r_0^2} = f(t) \qquad (1)$$

Dabei sind:

p — die Druckveränderung;
q — die Liefermenge der Sonde unter Schichtbedingungen;
r_0 — der wirksame Bohrlochradius;
χ — die Druckleitfähigkeit der Schicht;
μ — der Viskositätskoeffizient der Flüssigkeit;
h — die Schichtmächtigkeit;
k — die Durchlässigkeit der Schicht;
t — die Zeit.

Durch Integration von (1) im Abschnitt (t_0, t_n) erhalten wir eine Fläche, die durch die Kurve des Sohlendruckaufbaus, die t-Achse und zwei parallele Geraden $t = t_0$ und $t = t_n$ begrenzt wird (Abb. 1):

$$\omega_t = \int_{t_0}^{t_n} f(t)\,dt = t_n \cdot f(t_n) - t_0 f(t_0) - \frac{q\mu}{4\pi kh}(t - t_0) \qquad (2)$$

Bezeichnen wir mit ω_p die Fläche, die durch die Kurve des Sohlendruckaufbaus p und zwei Gerade $p = p_0$ und $p = p_n$ begrenzt ist, dann erhalten wir, wie aus Abb. 1 unter Berücksichtigung von (2) hervorgeht:

$$\omega_p = \frac{q\mu}{4\pi kh}(t_n - t_0) = t_n f(t_n) - t_0 f(t_0) - \omega_t \qquad (3)$$

Den Wert von ω_p kann man mit Hilfe der Formel von T. SIMPSON bestimmen:

$$\omega_0 = \frac{p_n - p_0}{6n}[t_0 + t_n + 2(t_1 + t_2 + t_3 + \cdots t_n) + 4(t_{0,5} + t_{1,5} + t_{2,5} + \cdots + t_n - 0{,}5)] \qquad (4)$$

Infolgedessen erhalten wir aus (2), (3) und (4) unter Berücksichtigung von (1) die hydraulische Durchlässigkeit der Schicht Γ und den Parameter $\frac{\chi}{r_0^2}$ in folgender Form:

$$\Gamma = \frac{kh}{\mu} = \frac{q(t_n - t_0)}{4\pi\omega_p} \qquad (5)$$

$$\frac{\chi}{r_0^2} = \frac{1}{2{,}25 t_n} \cdot e^{\frac{4\pi khp_n}{q\mu}} \qquad (6)$$

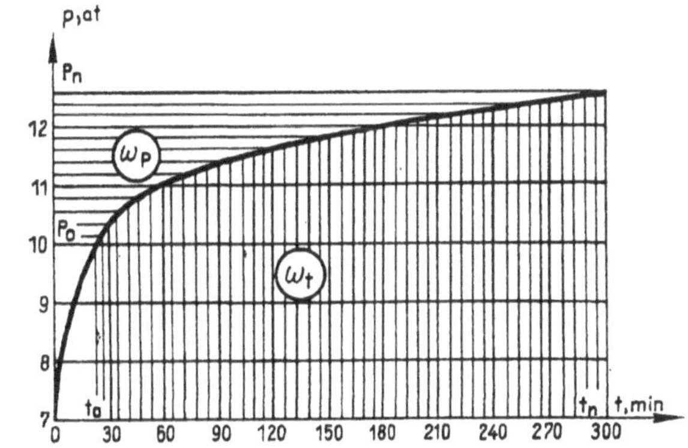

Abb. 1. Kurve des Druckaufbaus in der Bohrung 2 Jushnosuchokumsk der Vereinigung Dagneft

Aus: „Geologija i raswedka" (1967), H. 11, S. 89–92.
Übers.: W. TOBIAS, Berlin.

Auf diese Weise läuft die Bestimmung der Parameter wasser- und erdölführender Schichten auf folgendes hinaus: Es werden der Anfangspunkt M_0 (t_0, p_0) und danach der am weitesten entfernte Punkt M_n (t_n, p_n) auf der gegebenen Kurve ausgewählt, der Abstand (t_0, t_n) durch eine gerade Zahl n geteilt und nach den Formeln (5) und (6) die Schichtparameter Γ und $\frac{\chi}{r_0^2}$ bestimmt.

Beispiel 1

Nach der Absperrung der Bohrung „Raswedotschnaja" wurde eine Druckaufbaukurve gewonnen (6). Die Angaben der Untersuchung werden in Tab. 1 dargestellt. Nach ihnen kann man eine graphische Darstellung in den Koordinaten: Druckveränderung p und Zeit t konstruieren. Nehmen wir als Anfangspunkt $t_0 = 20$ min und als Endpunkt $t_n = 200$ min und teilen wir den Zwischenraum (t_0, t_n) in 36 Teile $(n = 18)$.

Als Werte der Größen, die in die Formeln (4), (5), (6) eingehen, werden angenommen: $p_0 = 5{,}41$ at; $p_n = 12{,}03$ at; $q = 1200\ \frac{\text{cm}^3}{\text{sek}}$ und die entsprechenden Zwischenpunkte siehe Tab. 1.

Tab. 1. Zwischenwerte der Punkte

t_0	$t_{0,5}$	t_1	$t_{1,5}$	t_2	$t_{2,5}$	$t_3 \cdots$	t_{18}
20	25	30	35	40	45	50···	200

In diesem Fall nimmt die Formel (5) zur Bestimmung der hydraulischen Durchlässigkeit folgende Form an:

$$\Gamma = \frac{kh}{\mu} = \frac{q\,6n(t_n - t_0)}{4\pi\,(p_n - p_0)} \times \frac{1}{[t_0 + t_{18} + 2(t_1 + t_2 + \cdots + t_{18}) + 4(t_{0,5} + t_{1,5} \cdots + t_{n-0,5})]}$$

Stellen wir den Zahlenwert fest, so erhalten wir $\frac{kh}{\mu} = 23{,}6\ \frac{\text{darcy} \cdot \text{cm}}{\text{cp}}$. Wenn wir als Anfangspunkt $t_0 = 40$ min oder $t_0 = 60$ min nehmen, so werden die entsprechenden Werte $\Gamma = \frac{kh}{\mu}$ bei $t_n = 200$ min:

t_0 min:	40	60	80	100
$\Gamma = \frac{kh}{\mu} \cdot \frac{\text{darcy} \cdot \text{cm}}{\text{cp}}$	25	25,8	26,5	27,8

In der Darstellung a) (Abb. 2) ist die Kurve $\Gamma = f(t_0)$ für die Sonde „Raswedotschnaja" dargestellt. Hieraus ist ersichtlich, daß im Maße des Anwachsens von t_0 der Wert für die hydraulische Durchlässigkeit $\Gamma = \frac{kh}{\mu}$ sich asymptotisch einer Geraden annähert, die parallel zur t-Achse verläuft und in erster Annäherung $\Gamma = \frac{kh}{\mu} = 28{,}7\ \frac{\text{darcy} \cdot \text{cm}}{\text{cp}}$ entspricht.

In der Arbeit von TSCHERNOW u. a. (1960) werden die Werte der hydraulischen Leitfähigkeit Γ angeführt,

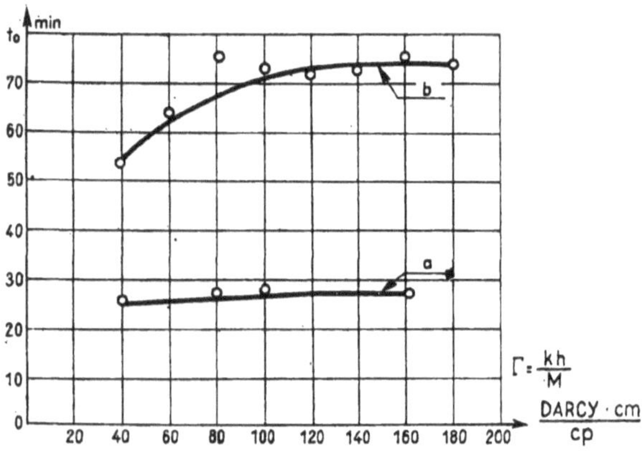

Abb. 2. Abhängigkeit der hydraulischen Durchlässigkeit: a) für die Bohrung „Raswedotschnaja"; – b) für die Bohrung Jushnosuchokumsk

die nach der Methode von D. HORNER und nach der halblogarithmischen Methode (für die Sonde „Raswedotschnaja") berechnet wurden. Sie sind entsprechend $= 29{,}4$ und $29{,}6\ \frac{\text{darcy} \cdot \text{cm}}{\text{cp}}$. Infolgedessen bringt die Bestimmung des Wertes Γ nach der vorgeschlagenen vereinfachten Methode völlig zufriedenstellende Ergebnisse.

Tab. 2. Untersuchungsergebnisse

Sonde „Raswedotschnaja"				Sonde „Jushnosuchokumsk"	
min	at	min	at	min	at
10	3,90	110	10,0	1	3,79
20	5,41	120	10,23	2,67	7,02
30	6,21	130	10,58	9,16	8,37
40	6,92	140	10,80	20,25	10
50	7,55	150	10,98	37,5	10,7
60	8,05	160	11,20	75	11,15
70	8,60	170	11,40	93,75	11,45
80	8,95	180	11,60	150	11,8
90	9,39	190	11,85	225	12,2
100	9,75	200	12,03	300	12,5

Beispiel 2:

Die Ergebnisse der Untersuchungen nach dem Druckaufbau in der Bohrung 2 — „Jushnosuchokumsk" der Vereinigung „Dagneft" sind in Tab. 2 angeführt. Wenn man $t_0 = 20$ min und $t_n = 300$ min und die entsprechenden Werte für $\Delta p_0 = 10$ at; $\Delta p_n = 12{,}5$ at; $n = 28$; $q = 40$ m³/Tag, den Volumenkoeffizienten $b = 1{,}6$; den Schichtdruck $= 349{,}4$ at und den Sohlendruck $= 331{,}8$ at nimmt, erhält die Berechnungsformel zur Bestimmung der Schichtparameter (5) und (6) die Form:

$$\Gamma = \frac{kh}{\mu} = \frac{6nq(t_n - t_0)}{4\pi(p_n - p_0)} \times \frac{1}{[t_0 + t_n + 2(t_1 + t_2 + \cdots + t_{28}) + 4(t_{0,5} + t_{1,5} + \cdots + t_{n-0,5})]}$$

In der graphischen Darstellung b) (Abb. 2) ist die Kurve $\Gamma = f(t_0)$ für die gegebene Sonde dargestellt. Aus ihr geht hervor, daß man in erster Annäherung den

Wert $\Gamma = 65 \frac{\text{darcy} \cdot \text{cm}}{\text{cp}}$ annehmen kann. Als Anfangszeit kann man $t_0 \geqq 0{,}25\,t$ nehmen, weil bei $\frac{t_0}{t_n} > 0{,}2$ die Abhängigkeit $\Gamma = f(t_0)$ die Gleichung einer geraden Linie darstellt und bei $t \geqq 2{,}5\,t_n$ der berechnete Wert des Schichtparameters nicht von den Zwischenwerten t_0 im Abschnitt $(t_0\,,\,t_n)$ abhängt.

So ergibt die vorgeschlagene Methode zur Bestimmung der hydrogeologischen Schichtparameter nach den Angaben der Veränderung des Sohlendrucks in einer abgesperrten Zentralsonde, die einfacher als einfach ist, weil sie keine graphischen Konstruktionen und arbeitsaufwendigen Berechnungen erforderlich macht, dasselbe Resultat wie andere Methoden ohne Berücksichtigung des zusätzlichen Flüssigkeitszustroms auch.

Literatur

BAN, A., A. R. BOGOMOLOWA u. a.: Einfluß der Gesteinseigenschaften auf die Bewegung der Flüssigkeit in ihnen. – Gostoptechisdat (1962) (russ.).

KLIMENTOW, P. P.: Methodik der hydrogeologischen Untersuchungen. – Gosgeoltechisdat (1961) (russ.).

KLIMENTOW, P. P., & G. B. PYCHATSCHEW: Dynamik der unterirdischen Wässer. – Gosgeoltechisdat (1961) (russ.).

MATAJEW, G. A., & G. A. GARUNOW: Bestimmung der Schichtparameter nach der Geschwindigkeit der Druckveränderung. – Isw. wyssch. utschebn. sawed., neft i gas, Nr. 3 (1965) (russ.).

SMIRNOW, W. I.: Lehrgang für höhere Mathematik, T. 1, Fismatgis (1961) (russ.).

STSCHELKATSCHEW, W. N.: Gewinnung aus wasser- und erdölführenden Schichten bei Druckregime. – Gostoptechisdat (1959) (russ.).

TSCHERNOW, B. C., M. N. BASLOW & A. I. SHYKOW: Hydrodynamische Methoden zur Untersuchung von Erdölbohrungen. – Gostoptechisdat (1960) (russ.).

Zur Anwendung der Diskriminanzanalyse in der Geochemie

H. BÖTTCHER & G. TISCHENDORF, Berlin

(Mitteilung aus dem Zentralen Geologischen Institut)

1. Einleitung

Ein wichtiges Gebiet, mit dem sich die Geowissenschaften beschäftigen, ist die Klassifizierung von Objekten, die Einteilung einer Objektmenge in Klassen und die Zuordnung dieser oder jener Objekte zu einer dieser Klassen. Die Klassen werden an Hand von Merkmalen erhalten, die an den einzelnen Objekten gemessen werden bzw. gemessen werden können. Eine Klassifizierung nach nur einem Merkmal ist oft schwierig, da sich die Werte desselben in den einzelnen Klassen überschneiden können; es liegt Überlappung vor. Es ist deswegen anzustreben, eine Klassifizierung nach mehreren Merkmalen durchzuführen. Meist ist der Beobachter jedoch nicht in der Lage, alle Merkmale zu überblicken, die zur Klassifizierung herangezogen werden müssen. Subjektive Fehlentscheidungen sind also oft nicht zu vermeiden. Die Diskriminanzanalyse trägt dazu bei, dieses Hindernis zu beseitigen, indem sie die statistischen Eigenschaften und Zusammenhänge der Merkmale, die durch die sogenannten Kovarianzmatrizen erfaßt werden, in ihrer Gesamtheit benutzt, um zu einem objektiven Ergebnis zu kommen.

Seitdem VISTELIUS (1950) zum ersten Male diese Methode zur Lösung eines geologischen Problems anwandte, sind in den letzten Jahren viele Arbeiten, insbesondere in der sowjetischen und amerikanischen Literatur, erschienen, die z. B. zur Ausgliederung von Mineralassoziationen, Fazies- und Lagerstättentypen, Fossilvergesellschaftungen, zur Bestimmung der Formationszugehörigkeit von Gesteinen u. a. m. die Diskriminanzanalyse benutzen.

2. Allgemeine Beschreibung der Methode

Die Diskriminanzanalyse (siehe z. B. ANDERSON 1958, WEBER 1967) ist eine Methode aus dem Bereich der Theorie der statistischen Entscheidungsfunktionen. In einer Objektmenge (Menge von Individuen) sei eine Einteilung in zwei Gruppen (Klassen, statistisch: Gesamtheiten), G_1 und G_2, bereits vorgegeben. An jedem Objekt sollen k Merkmale (zufällige Variable im Sinne der Wahrscheinlichkeitsrechnung) $X_1 \ldots, X_k$ gemessen werden können, die in beiden Gruppen normalverteilt sind.[1] Bei Vorhandensein von Mustern (Stichproben, Proben) aus jeder Gruppe, an denen die Werte der Variablen ermittelt wurden und von denen die Zugehörigkeit zu der jeweiligen Gruppe genau bekannt ist, kann erstens nachgeprüft werden, ob die Klasseneinteilung sinnvoll ist, d. h., ob sich die Objekte der beiden Gruppen im Mittel unterscheiden. Zweitens kann eine Regel angegeben werden zur Entscheidung, ob ein fragliches Objekt der einen oder anderen Gruppe zuzuordnen ist. Diese Regel beruht auf der sogenannten Diskriminanz- oder Trennfunktion, die später betrachtet wird.

Aus jeder Gruppe seien also Stichproben entnommen, wobei in jede dieser Stichproben alle betrachteten Variablen X_i, $i = 1, \ldots, k$ mit einem gemessenen Wert eingehen. Man kann jede Stichprobe (Objekt) als Punkt im k-dimensionalen Raum, dem Stichprobenraum, auffassen. Somit wird jede Gruppe durch eine Punktwolke in diesem Raum repräsentiert.

Geometrisch besteht das Ziel darin, eine Hyperfläche [geometrischer Ort aller Punkte $(x_1, \ldots, x_k)$ im k-dimensionalen Raum, die die Gleichung $f(x_1, \ldots, x_k) = 0$ erfüllen] so in den Raum zu legen, daß auf der einen Seite der Fläche möglichst viele Punkte der einen, auf der anderen Seite die der anderen Gruppe liegen. Aus Gründen der Einfachheit wird meist eine Hyperebene (f ist eine lineare Funktion von $x_1, \ldots, x_k$) angesetzt. Es muß also die Gleichung dieser Hyperebene bzw. die Funktion
$f(x_1, \ldots, x_k) = \lambda_1 x_1 + \ldots + \lambda_k x_k - p = D(x_1, \ldots, x_k) - p$
gefunden werden, da $f(x_1, \ldots, x_k) = 0$ die Gleichung

Eingang des Manuskripts in der Redaktion: 19. 12. 1968.

[1]) Die Diskriminanzanalyse ist auch auf andere Verteilungen anwendbar, ergibt jedoch eine optimale Klassifikation – im Sinne des später angeführten Optimalitätskriteriums – nur im Falle der Normalverteilung.

der Hyperebene darstellt. Die lineare Funktion der X_i, die Zufallsgröße $D(X_1, \ldots, X_k) = \sum_{i=1}^{k} \lambda_i X_i$, heißt Diskriminanzfunktion. Ihr Wert kann für jedes Objekt nach Einsetzen der entsprechenden Werte der X_i berechnet werden, wenn die Größen $\lambda_1, \ldots, \lambda_k$ bekannt sind. Diese und die Größe p werden aus folgendem Optimalitätskriterium gewonnen:

Mit $P(1/2)$ sei die Wahrscheinlichkeit dafür, daß ein Objekt G_1 zugeordnet wird, während es in Wirklichkeit G_2 angehört, bezeichnet, mit $P(2/1)$ die Wahrscheinlichkeit der anderen möglichen fehlerhaften Entscheidung. Das Kriterium lautet, daß die Summe dieser beiden Wahrscheinlichkeiten minimal werden soll, wenn die auf D basierende Entscheidungsregel angewendet wird.

Diese Regel hat folgende Form:

Ist $D(x_1, \ldots, x_k) < p$, so wird das Objekt, dem diese Stichprobe entspricht, der einen Gruppe (z. B. G_1) zugeordnet, bei $D(x_1, \ldots, x_k) \geq p$ der anderen (hier G_2).

Welcher Gruppe links bzw. rechts von p, dem sogenannten Trennpunkt, liegende D-Werte entsprechen, ergibt sich, wenn man die Mittelwerte der Variablen in den beiden Gruppen in die Diskriminanzfunktion einsetzt und die entsprechenden Werte, R_1 und R_2, berechnet, die auch gleichzeitig die Mittelwerte der D-Werte in den beiden Gruppen darstellen. Ihre (positive) Differenz heißt im Falle gleicher Kovarianzmatrizen in den Gruppen verallgemeinerter Abstand der Gruppen und wird mit d^2 bezeichnet.[2]) Auf der Größe d^2 gründet sich der Test auf signifikante Unterscheidung der beiden Gruppen. Hierfür kann auch die Varianzanalyse zur Anwendung kommen. Graphisch ergibt sich nach Berechnung der D-Werte für alle Stichproben aus den beiden Gruppen und nach der Konstruktion der Histogramme für dieselben das in Abb. 1 dargestellte prinzipielle Bild.

Zur Klassifizierung fraglicher Objekte wird der entsprechende D-Wert berechnet und das Objekt dieser oder jener Gruppe zugeordnet in Abhängigkeit davon, ob der Wert auf die R_1- oder R_2-Seite von p fällt. Auch bei Anwendung der vorgegebenen Regel kann ein Objekt fehlerhaft klassifiziert werden; die Methode beinhaltet jedoch, daß die Wahrscheinlichkeit für dieses Ereignis minimal ist. Um die Wirksamkeit der Trennung einzuschätzen, kann diese Wahrscheinlichkeit berechnet werden (bei Normalverteilung), oder diese Einschätzung erfolgt an Hand der graphischen Darstellung.

Bei Vorliegen mehrerer Gruppen kann man die Diskriminanzanalyse ebenfalls anwenden; jeder Gruppe entspricht dann ein Gebiet im Stichprobenraum. Es kann ein sogenannter Klassifizierungsbaum erhalten werden, mit dessen Hilfe die Klassifizierung fraglicher Objekte erfolgt.

3. Anwendungsbeispiel

Als Beispiel für die Anwendbarkeit der Methode wird ein Problem aus der Metallogenie, nämlich die Verwendung des Chemismus von Dunkelglimmern der westerzgebirgisch-vogtländischen Granite (Westerzgebirgischer Teilpluton), als Prognosekriterium für die

[2]) Auf den Fall ungleicher Kovarianzmatrizen soll hier nicht eingegangen werden.

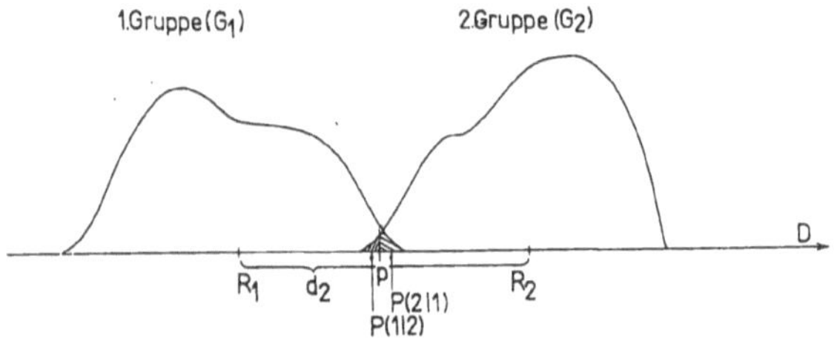

Abb. 1. Histogramme der für zwei Gruppen (G_1, G_2) ermittelten D-Werte. Die Inhalte der schraffierten Flächen sind die Fehlerwahrscheinlichkeiten.

Zinnführung eines Gebietes ausgewählt. Das Problem besteht darin, mit Hilfe des Chemismus der Dunkelglimmer eines Granits festzustellen, ob dieser Granit einer Granitgruppe angehört, die hinsichtlich einer endogenen Zinnführung nicht perspektiv ist (oberkarbonischer Intrusivkomplex, Gebirgsgranite, im folgenden G_1), oder einer anderen, die perspektiv ist (unterpermischer Intrusivkomplex, Erzgebirgsgranite, im folgenden G_2).

Die geologischen und petrographischen Verhältnisse des westerzgebirgisch-vogtländischen Granitgebietes sind durch SCHUST (1965), HERRMANN (1967) und PAECH (1967) in den letzten Jahren weitgehend geklärt worden, die geochemischen Parameter der Granitphasen werden gegenwärtig untersucht. Zu den beiden Intrusivkomplexen gehören folgende Granite:

G_1 Oberkarbonischer Intrusivkomplex (Gebirgsgranite),

Granite von Aue, Auerhammer, Lauter, Oberschlema und Neuwelt (*ALO*) — 5 Analysen,

Granite des Kirchberger Massivs

Hauptintrusivphase (*Ki 1*) — 6 Analysen,

erste zusätzliche Intrusion (*Ki 2*) — 5 Analysen,

zweite zusätzliche Intrusion (*Ki 3*) — 2 Analysen

sowie Granite des Bergener Massivs (*Be*) — 7 Analysen.

G_2 Unterpermischer Intrusivkomplex (Erzgebirgsgranite)

Granite des Eibenstocker Massivs, nämlich

Granit vom Typ Eibenstock (Hauptintrusivphase, *E*) — 15 Analysen,

Granit vom Typ Blauenthal (erste zusätzliche Intrusion, *Bl*) — 6 Analysen,

Feinkörnige Granite (zweite zusätzliche Intrusion, *Fn*) — 6 Analysen.

Wie bereits die Anwendung einfacher statistischer Verfahren zeigt (siehe TISCHENDORF u. a. 1969), ist der Chemismus der Dunkelglimmer der einzelnen Granitphasen recht charakteristisch, so daß mit dessen Hilfe eine Unterscheidung einzelner Granitphasen bzw. der Granitgruppen erwartet werden konnte.

Es zeigte sich, daß in den Dunkelglimmern nicht alle Elemente gleichermaßen Unterschiede aufweisen. Elemente, die auf Grund ihres sauren oder basischen Charakters insbesondere für eine Unterscheidung geeignet erschienen, sind SiO_2, TiO_2, Al_2O_3, MgO, MnO, Li_2O und F. Die Gehalte dieser Elemente in den Dunkelglimmern der einzelnen Granitphasen der Gruppen G_1 und G_2, und zwar arithmetisches Mittel und Streubereich, sind in Abb. 2 angegeben. Die Maßstäbe dieser Abbildung wurden in Abhängigkeit vom Streubereich der jeweiligen Werte so gewählt, daß ein unmittelbarer Vergleich mit

Abb. 3 vorgenommen werden kann. Aus Abb. 2 ist ersichtlich, daß die G_1- und die G_2-Granitgruppe nach den dargestellten Elementgehalten wohl bestimmte Schwerpunkte von Klassen bilden, daß aber in jedem Fall eine Überlappung der Werte (Bereich mit gestrichelten Grenzen in Abb. 2) vorliegt. Am günstigsten werden die beiden Klassen noch mit Hilfe der MgO-Gehalte der Dunkelglimmer getrennt. In allen übrigen Fällen ist der überlappende Bereich relativ breit.

In die Darstellung der Abb. 2 wurden weiterhin die Gehaltswerte der Dunkelglimmer von Graniten eingetragen, deren geologische Position unklar und deren Zugehörigkeit zu den beiden Intrusivkomplexen um-

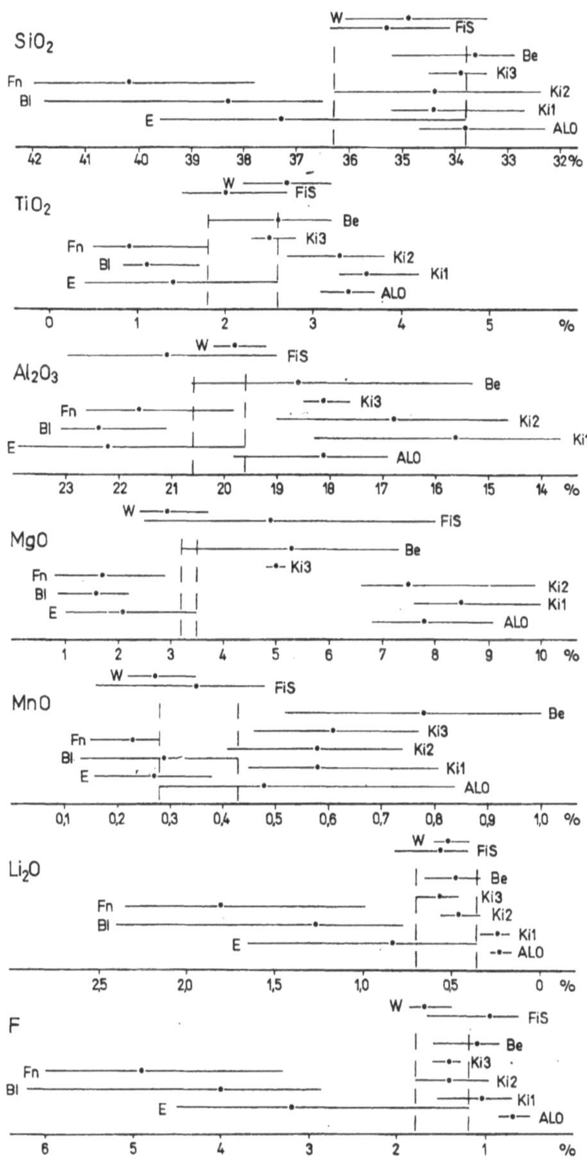

Abb. 2. Durchschnittsgehalte und Streubereiche der Elementverbindungen SiO_2, TiO_2, Al_2O_3, MgO, MnO, Li_2O und F in den Dunkelglimmern der einzelnen Phasen der westerzgebirgisch-vogtländischen Granite mit Angabe der Überlappungsbereiche (Intervalle zwischen den gestrichelten Linien) der Gebirgs- und der Erzgebirgsgranite. (Die Abkürzungen der einzelnen Granitphasen sind im Text erläutert.)

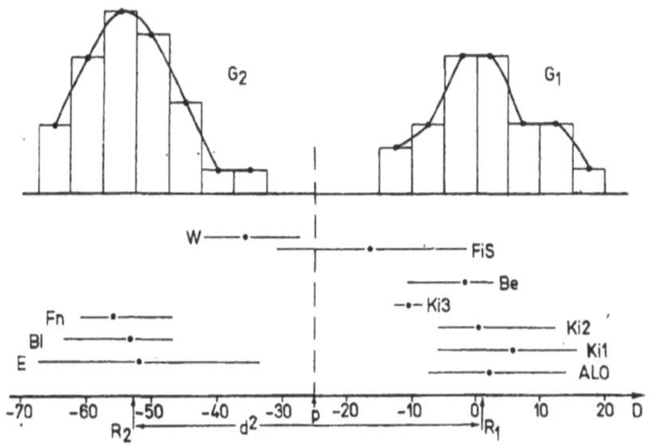

Abb. 3. Mittelwerte und Streubereiche der mit Hilfe der Diskriminanzanalyse errechneten D-Werte für die einzelnen Phasen der westerzgebirgisch-vogtländischen Granite (unterer Bildteil) sowie Häufigkeitskurven für die beiden Gruppen G_1 und G_2 (oberer Bildteil). Die Diskriminanzanalyse zur Trennung der Gebirgs- (G_1) und Erzgebirgsgranite (G_2) basiert auf den in den Dunkelglimmern der einzelnen Granitphasen fixierten Elementverbindungen SiO_2, TiO_2, Al_2O_3, MgO, MnO, Li_2O und F.

stritten ist. Es handelt sich um die Zweiglimmergranite vom Fichtelgebirge (*Fi*) und Schwarzenberg (*S*) sowie um eine Granitphase (Typ Walfischkopf, *W*), die innerhalb des Eibenstocker Granitmassivs auftritt und älter als der Granit vom Typ Eibenstock ist. Es zeigt sich, daß diese, in ihrer geologischen Position umstrittenen Granitphasen meist im Überlappungsbereich liegen. Das bedeutet, daß durch diese einfache und elementare Methode keine Zuordnung zu der einen oder anderen Granitgruppe vorgenommen werden kann.

Die Anwendung der Diskriminanzanalyse verfolgte die Lösung beider Probleme, nämlich

a) Überprüfung der Möglichkeit, ob mit einer Dunkelglimmeranalyse eine eindeutige Zuordnung des betreffenden Granits zur Granitgruppe G_1 oder G_2 vorgenommen werden könne, und

b) Überprüfung der Zuordnung der Zweiglimmergranite und des Granits vom Typ Walfischkopf zu einer der beiden Granitgruppen.

In die Diskriminanzanalyse wurden ebenfalls die Elemente SiO_2, TiO_2, Al_2O_3, MgO, MnO, Li_2O und F als charakteristische Hauptbestandteile des Chemismus der Dunkelglimmer einbezogen. Diese Elemente sind die X_i, es gilt $k = 7$. Es wird darauf hingewiesen, daß die Einbeziehung von Variablen, die zwischen den Gruppen wenig differieren, die Trennung verschlechtert und nicht, wie man annehmen könnte, nicht beeinflußt. Ein Test auf Normalverteilung erfolgte nicht, ebenfalls wurde die Gleichheit der Kovarianzmatrizen nicht untersucht.

Die Berechnungen mit Hilfe eines nach WOLLEBEN u. a. (1968) für den Rechner CD 1604—A überarbeiteten Programms ergaben folgendes Ergebnis:

$$D(X_1, \ldots, X_k) = -0{,}7\,SiO_2 + 1{,}5\,TiO_2 - 1{,}3\,Al_2O_3 + 4{,}3\,MgO + 23{,}9\,MnO + 21{,}8\,Li_2O - 10{,}6\,F;$$
$$p = -24{,}9;\quad R_1 = 1{,}2;\quad R_2 = -52{,}8;\quad d^2 = 53{,}9.$$

Dieses Ergebnis ist zeichnerisch in Abb. 3 dargestellt. Wie hieraus zu ersehen ist, lassen sich die beiden betrachteten Granitgruppen an Hand des Chemismus ihrer Dunkelglimmer sicher unterscheiden. Die Zuordnung einer Probe mit Hilfe D zu der einen oder anderen Granitgruppe ist eindeutig, wenn die verwendeten Proben für G_1 und G_2 als repräsentant angesehen werden.

Interessant sind die Ergebnisse über die Zuordnung der Zweiglimmergranite und des Granits vom Typ Walfischkopf an Hand der vorgenommenen Diskriminanzanalyse. Beide Granittypen besitzen nach dem Chemismus ihrer Dunkelglimmer eine Übergangsstellung. Während der Granit vom Typ Walfischkopf aber (wegen $D < p = -24{,}9$) noch zum unterpermischen Intrusivkomplex gezählt werden muß, überlappen die D-Werte für die Zweiglimmergranite. Allerdings ist festzustellen, daß die Zweiglimmergranite nach dem Chemismus ihrer Dunkelglimmer den Graniten des oberkarbonischen Intrusivkomplexes näher stehen als denen des unterpermischen. Dieses Ergebnis korrespondiert auch mit älteren Feststellungen. Fiala (1968) zählt die Zweiglimmergranite zu den „Übergangsgraniten", einer Gruppe, die zwischen den Gebirgsgraniten und den Erzgebirgsgraniten steht. Ausgehend vom vorliegenden Befund ist auch eine derartige Zuordnung möglich.

Die relative Altersstellung der drei Granitphasen des Kirchberger Massivs und auch der drei des Eibenstocker Massivs einschließlich des Granits vom Typ Walfischkopf ist bekannt. Diese Altersfolge ist völlig identisch mit fallenden mittleren D-Werten. Es kann festgestellt werden, daß sich der Chemismus der Dunkelglimmer im Verlaufe der Intrusivfolgen im Westerzgebirge/Vogtland kontinuierlich entwickelt. Dies bedeutet, daß D-Werte von Dunkelglimmern altersmäßig auf geologischem Wege nicht einstufbarer Granite zur relativen Altersbestimmung herangezogen werden können.

Die mittleren D-Werte der zuletzt betrachteten sieben Granitphasen liegen nicht gleich weit voneinander entfernt. So bilden die mittleren D-Werte der Dunkelglimmer der Granitphasen des oberkarbonischen Intrusivkomplexes (G_1) und die der Granitphasen des unterpermischen (G_2) zwei relativ weit voneinander entfernte Punktfolgen. Dies zeigt über die insgesamt kontinuierliche Entwicklung hinaus eine bestimmte stoffliche und damit natürlich auch geologische Eigenständigkeit der betrachteten Granitgruppen (Intrusivkomplexe) an.

Die oben aufgezeigte Problematik muß weiterbearbeitet werden. Die Ergebnisse, die nur auf der Verteilung einiger Hauptelemente in den Dunkelglimmern beruhen, gestatten, Granite des unterpermischen Intrusivkomplexes vom oberkarbonischen eindeutig zu unterscheiden. Dies hat einerseits geologische, andererseits aber besonders auch ökonomische Bedeutung, da mit dieser Unterscheidung eine Einschätzung der Zinnperspektivität des behandelten Gebietes oder anderer, metallogenetisch äquivalenter Gebiete vorgenommen werden kann.

Zusammenfassung

In der vorliegenden Arbeit werden die Prinzipien der Diskriminanzanalyse erläutert. An einem Beispiel wird gezeigt, daß bei Vorliegen einer Dunkelglimmeranalyse aus dem Bereich der Granite des Westerzgebirgischen Teilplutons eine Zuordnung zu einem der beiden Intrusivkomplexe (Gebirgsgranite, Erzgebirgsgranite) möglich ist. Die Zweiglimmergranite besitzen eine Übergangsstellung.

Резюме

В прилагаемой работе разъясняются принципы дискриминантного анализа. На примере показывается, что при наличии анализа тёмных слюд из области гранитов западнорудногорской части плутона возможно приурочивание к одному из обоих интрузивных комплексов (горные граниты, рудногорские граниты). Двуслюдистые граниты занимают переходное положение.

Summary

The present paper deals with the principles underlying the analysis of discrimination. An example serves to illustrate that in the presence of a dark-mica analysis from the zone of granites in the partial pluton of the West Erzgebirge an assignment to one of the two intrusive complexes (rock granites, Erzgebirge granites) is possible. The two-mica granites occupy a transitional position.

Literatur

Anderson, T. W.: An introduction to multivariate statistical analysis. – John Wiley & Sons, New York 1958; Übersetzung 1963 ins Russ.

Fiala, F.: Granitoids of the Slavkovský (Cisařsky) Les Mountains. – Sborník, ř. G, **14**, 93–160 (1968).

Herrmann, G.: Die Granite des Westerzgebirges und des Vogtlandes und ihre Beziehungen zu granitischen Gesteinen benachbarter Räume. – Diss. Min. Inst. Bergakad. Freiberg 1967.

Paech, H. J.: Zur Petrographie und Tektonik des Kirchberger Granits (Grenzgebiet Erzgebirge/Vogtland). – Geologie, **16**, 129–156, Berlin 1967.

Schust, F.: Zu den Granitvarietäten des Eibenstocker Zinnreviers im Westerzgebirge. – Z. angew. Geol., **11**, 4–11, Berlin 1965.

Tischendorf, G., G. Friese & R. Schindler: Die Dunkelglimmer der westerzgebirgisch-vogtländischen Granite und ihre Bedeutung als petrogenetische und metallogenetische Indikatoren. – Geologie, **18**, Berlin 1969.

Vistelius, A. B.: Über die Mineralzusammensetzung der Schwerefraktion der Sande der unteren Abteilung der produktiven Schicht der Apscheron-Halbinsel, des Čokrak-Horizonts Süddagestans und des Wolga-Alluviums (russ.). – Dokl. AN SSSR, **71**, 2 (1950).

Weber, E.: Grundriß der Biologischen Statistik. – 6. Aufl., Jena 1967.

Wolleben, J. A., R. J. Pauken & J. A. Dearien: FORTRAN IV program for multivariate palaeontologic analysis using an IBM SYSTEM/360 MODEL 40 computer. – Kansas Geol. Survey Computer Contribution, **20**, 1–12 (1968).

Die endogenen geochemischen Aureolen der Erzlagerstätten und ihre Nutzung beim Aufsuchen verborgener Vererzungen[1]

Bereits E. A. Fersman hat darauf hingewiesen, daß bei den gestellten Maßstäben und dem geforderten Tempo die von der UdSSR benötigten Rohstoffe nur bei Anwendung der neuesten geochemischen und geophysikalischen Verfahren im Komplex mit den geologischen in der erforderlichen Menge, Qualität und in den entsprechenden Gegenden erkundet werden können. Das gilt zweifellos nicht nur für die UdSSR. Um so bedauerlicher ist es daher, daß die geochemischen Methoden im Komplex unserer Sucharbeiten einen nicht vertretbar untergeordneten Platz einnehmen.

Bekanntlich nutzt die geochemische Suche vor allem zwei geologische Situationen aus: 1. die durch Erosion angeschnittenen und meist durch Lockersedimente wieder überdeckten Erzkörper und 2. die Erforschung der endogenen Dispersionshöfe um die Erzkörper. Im ersten Falle werden lithochemische Methoden (Metallometrie) angewandt, die in der Erkundungspraxis am weitesten verbreitet sind, jedoch für ihre erfolgreiche Anwendung sehr spezifische geologische

[1]) S. W. Grigorjan & E. M. Janischewskij: Die endogenen geochemischen Aureolen der Erzlagerstätten und ihre Nutzung bei der Suche verborgener Vererzung (russ.). Verl. Njedra, Moskau 1968, 203 S., 137 Abb., 57 Tab. Ganzleinen, 1,28 Rbl.

Zeitschrift für angewandte Geologie, Bd. 15 (1969), Heft 4

Verhältnisse voraussetzen. Die zweite Situation ist — beim gegenwärtig erreichten Stand der geologischen Erkundung — praktisch wesentlich bedeutungsvoller, weil es unter Anwendung geeigneter Methoden dabei möglich ist, in der Erde verborgene Erzkörper aufzuspüren, selbst wenn sie durch Aufschlüsse (z. B. Bohrungen) nicht unmittelbar erfaßt wurden.

1.

Daher wird seit etwa 10—15 Jahren dieser zweiten Arbeitsrichtung international erhöhte Aufmerksamkeit geschenkt, was auch durch zahlreiche Publikationen angedeutet wird. In diesen Arbeiten wurden jedoch in der Regel die Untersuchungsmethoden der Höfe und insbesondere die Nutzung der erworbenen Erkenntnisse im Komplex der Such- und Erkundungsarbeiten nur schwach behandelt. Die Autoren des vorliegenden Buches stellten sich deshalb die Aufgabe, die bisher angehäufte methodische Erfahrung auf diesem Gebiet systematisch darzulegen, d. h., nach einer Beschreibung der Dispersionshöfe der verschiedensten Erzkörper und Lagerstätten

a) die Methodik der Bemusterung,

b) die Methodik der Analyse geochemischer Proben,

c) die Anwendung der Korrelationsanalyse bei der Bearbeitung der Analysenwerte,

d) die Kunstgriffe und Methoden bei der Interpretation der erhaltenen Ergebnisse,

e) die Verwendung der Ergebnisse — und die Bedingungen dafür — im Suchprozeß darzustellen.

2.

Unser Zurückbleiben auf geochemischem Gebiet, über das wir uns schonungslos klarwerden sollten, hat in Verbindung mit dem Wunsche, auch „modern" zu sein und zu arbeiten, in letzter Zeit bei unseren Kollegen nicht selten dazu geführt, z. B. die simple Durchführung einiger Gesteinsanalysen bereits als „geochemische" Arbeiten auszugeben. Solchen Tendenzen nachgeben, hieße die Mittelmäßigkeit oder gar das Anfängertum auf diesem Gebiet zu einem anerkannten Etalon zu machen, der unseren Rückstand auf dem Gebiet der Geochemie nur vergrößern würde; denn die Geochemie ist nicht nur die Wissenschaft über die chemische Zusammensetzung der Erde, sondern auch über die Gesetze und Gesetzmäßigkeiten der räumlichen und chronologischen Verbreitung, der Kombination und der Bewegung der chemischen Elemente (Atome) in den verschiedenen Erdschalen und insbesondere der Erdkruste in Verbindung mit den verschiedensten Prozessen in der Natur. Vor uns steht die Aufgabe, die geochemischen Erkenntnisse in unserer Arbeit produktionswirksam zu machen, d. h., die Suche verborgener Erzkörper und Lagerstätten effektiver zu gestalten. Diesem Ziel können Arbeiten wie die vorliegende in ausgezeichneter Weise dienen. Es ist deshalb sinnvoll und für die „angewandte Geologie" geradezu erforderlich, wenn dieses Buch für die DDR-Geologen ausführlich rezensiert und z. T. referiert wird.

Das Buch gliedert sich nach einer relativ kurzen Einführung in sechs Kapitel mit unterschiedlichem Umfang:

1. Der allgemeine Begriff „endogene geochemische Aureolen" und ihre Hauptparameter (3 S.).

2. Die endogenen geochemischen Aureolen einiger Erzlagerstättentypen (dabei Blei-Zink-Lagerstätten — 12 S.; Wolframitlagerstätten — 3 S.; Kupfer-Gold-Lagerstätten — 4 S.; Kupfer-Wismut-Lagerstätten — 6 S.; Uranlagerstätten — 18 S.; Quecksilberlagerstätten — 23 S.).

3. Die Besonderheiten endogener geochemischer Aureolen [mit den Unterkapiteln: Die Form, in der chemische Elemente in endogenen geochemischen Aureolen angetroffen wurden (8 S.). Die Zonalität endogener Aureolen (25 S.). Die Beziehungen zwischen den Parametern der Erzkörper und ihrer sie umsäumenden endogenen Aureolen (4 S.). Die Kongruenz endogener Aureolen verschiedener Erzformationen (5 S.). Die Genesis endogener geochemischer Aureolen (6 S.)].

4. Die Untersuchungsmethoden endogener geochemischer Aureolen. Hier werden besonders behandelt: die Bemusterung der Gesteine (5 S.); die Bestimmung des geochemischen Hintergrundes und anomaler Konzentrationen der Indikatorelemente (4 S.); die Umgrenzung endogener Aureolen (5 S.); die Analyse geochemischer Proben (15 S.); graphische Darstellung geochemischer Bemusterungswerte (4 S.); die Anwendung der Korrelationsanalyse (6 S.); Wege zur Erhöhung der Teufenreichweite der Suche verdeckter Vererzungen mit Hilfe der endogenen Aureolen (6 S.); die Interpretation geochemischer Anomalien (15 S.).

5. Beispiele für die Ausnutzung endogener geochemischer Aureolen bei der Suche verdeckter Vererzungen (5 Beispiele — 10 S.).

6. Bedingungen für die Anwendung von Suchmethoden mit Hilfe endogener geochemischer Aureolen (3 S.).

3.

Die Besonderheit der geochemischen Methoden, die sich auf die endogenen geochemischen Dispersionshöfe um die einzelnen Erzkörper und Lagerstätten orientieren, besteht darin, daß

a) sie es nicht nur ermöglichen, verborgene Erzkörper aufzuspüren bzw. Aussagen über die Ausdehnung oberflächennah aufgeschlossener Körper zu machen, sondern

b) die Gesetzmäßigkeiten der Elementverteilung in den endogenen Dispersionshöfen auch zur Grundlage geochemischer Kriterien gemacht werden, die bei der Lagerstättensuche nutzbar gemacht werden können.

Bei diesem Verfahren kommt es somit darauf an, Gesteine zu finden, in denen die Elementverteilung oder ihre Konzentration anomal ist. Solche Anomalien werden durch Bemusterungen festgestellt, konturiert und schließlich überprüft: Ist diese Anomalie genetisch mit den magmatischen oder postmagmatischen Prozessen verbunden, und wie groß ist die Wahrscheinlichkeit, daß sie mit einer verborgenen Vererzung in Verbindung steht? Am Ende dieser Arbeit steht folglich ihre industrielle Bewertung und — im Normalfall — der Vorschlag (Projekt), sie durch Bohrungen oder Schürfe aufzuschließen.

Nicht minder wichtig ist das Studium endogener Dispersionshöfe für die Untersuchung und das Studium der Erzlagerstätten selbst. Vergleiche haben ergeben, daß die Menge der dispergierten Elemente oft die Menge dieser Elemente in den industriell genutzten Erzkörpern bedeutend übersteigt (das gilt z. B. ganz besonders für Blei, jedoch auch für Zink, Molybdän, Kupfer und andere).

Die Bedeutung des Studiums der endogenen Dispersionshöfe wird dadurch unterstrichen, daß ihr Elementbestand eine weitgehende Übereinstimmung mit dem der Erzkörper aufweist; eine Ausnahme bilden offenbar nur die hochflüchtigen Bestandteile wie Fluor, Jod, z. T. Chlor und Brom. Die Elemente der Höfe können somit als Indikatoren jener Elemente dienen, die der verborgene Erzkörper aufweist. Diese Bedeutung wird auch nicht dadurch gemindert, daß nicht alle Indikatorelemente die gleiche Bedeutung für die Bewertung einer geochemischen Anomalie besitzen. Das ist auf die Besonderheiten des Prozesses des Erzausfällens zurückzuführen, auf seine Stadien, die meist eine ausgeprägte Zonalität verursachen. Die primäre Zonalität wird gewöhnlich auf Veränderungen der Ausfällungen zurückgeführt, die in der Pulsation der Lösungszufuhr und in zonaler Verteilung der Ausfällungsbedingungen ihre Ursache finden. Die eine führt zu ungleichmäßiger Verteilung der Mineralassoziationen der verschiedenen Mineralisierungsstadien, die andere zu allmählichen Gehaltsveränderungen der Elemente in bestimmten Richtungen. Chemische Elemente, die sich während des gleichen Stadiums bildeten wie die wichtigsten erzbildenden Elemente, werden direkte Indikatorelemente genannt. Bildeten sie sich in Stadien vor oder nach den entscheidenden erzbildenden Elementen, führen sie die Bezeichnung indirekte Indikatorelemente.

Die Konzentration der Elemente in den endogenen Dispersionshöfen ist selbstverständlich geringer als in den Erzkörpern; sie ist gewöhnlich am höchsten in der Nähe der Körper. Die Spannweite der Gehalte reicht folglich vom geochemischen Hintergrund für das Element im Gestein bis zum lokalen Maximum im Erzkörper. Eine Ausnahme bilden einige wenige Elemente, deren Konzentration in den Höfen meist höher ist als in den Erzkörpern selbst.

Zur Charakteristik der Konzentration kann sowohl der durchschnittliche Gehalt im Hof oder auch der von SAUKOW vorgeschlagene Koeffizient der Anomalie verwendet werden, d. h. der Kontrast des durchschnittlichen Gehalts im Hof zum geochemischen Hintergrund (ausgedrückt als Quotient).

Die Form der Höfe wird wesentlich durch die strukturellen Besonderheiten beeinflußt, unter denen sie sich entwickelt haben. Generell kann sie als kompliziert bezeichnet werden. Bei steileinfallenden Körpern ist sie im Vertikalschnitt mit der Form einer Kerzenflamme vergleichbar, bei flacheinfallenden ist sie asymmetrisch mit verstärkter Ausbildung im Hangenden des Körpers. Im Horizontalschnitt herrschen ovale Formen vor, wobei die längste Achse mit der Streichrichtung übereinstimmt.

Die Ausmaße der Höfe zählen zu den wichtigsten Parametern einer Aureole (denn je größer die Höfe sind, um so effektiver können diese bei der Lagerstättensuche ausgenutzt werden). Sie variieren außerordentlich, sowohl für einzelne Indikatorelemente als auch für verschiedene Erzkörper.

Schließlich ist die Zonalität endogener geochemischer Höfe sowohl für ihr Studium als auch die Deutung wesentlich. Dabei wird zwischen horizontaler und vertikaler Zonalität unterschieden. Die erste ist eine Folge der Streuungsweite der einzelnen Elemente, die zweite dagegen eine Folge des unterschiedlichen Verhaltens der Elemente: Einige konzentrieren sich über dem Erzkörper, andere unter ihm, andere wiederum konzentrieren sich mit gleicher Intensität über und unter dem Erzkörper. Wird zur Charakteristik der Zonalität der Koeffizient des Kontrasts verwendet (Quotient aus den Konzentrationswerten über und unter dem Erzkörper), so deutet sein Wert auf bevorzugte Konzentration über dem Erzkörper dann hin, wenn er größer als Eins ist (die sogenannte direkte Zonalität). Ist er kleiner als Eins, spricht man von reziproker (umgekehrter) Zonalität.

4.

Das Studium der Form endogener geochemischer Höfe und insbesondere der Form, in der Indikatorelemente um die Erzkörper verbreitet sind, kann wichtige Hinweise zur Entstehung dieser Körper und ihren Bildungsbedingungen geben. So muß fast immer unterschieden werden zwischen Elementen, die in der Aureole hauptsächlich in Form eigener Minerale gefunden werden, und Elementen, die lediglich als Beimengung in anderen Mineralen auftreten. Bei Pb-Zn-Lagerstätten gehören z. B. zur ersten Gruppe Pb, Zn, Sn und Cu, zur zweiten Gruppe dagegen Ag, Sb, Cd und Bi.

Die größte praktische Bedeutung hat jedoch zweifellos das Studium der Zonalität der Höfe, die — im Unterschied zur zonalen Elementverteilung in den Erzkörpern — bisher noch unzureichend untersucht wurde.

Für die horizontale Zonalität kommen die Verfasser zu dem Schluß, daß die Breite des Hofes für ein bestimmtes Element direkt proportional dem Logarithmus des Konzentrationsparameters und umgekehrt proportional der Größe des Konzentrationsgradienten ist. Dabei ist der Konzentrationsparameter (oder auch Konzentrationskoeffizient) gleich dem Quotienten aus dem Elementgehalt im Erzkörper zum minimalen Anomalgehalt im Hof. Er unterscheidet sich vom CLARKE-Wert der Konzentration (WERNADSKIJ) dadurch, daß der Elementgehalt im Erzkörper nicht durch den CLARKE-Gehalt, sondern den minimalen Anomaliewert geteilt wird. Der Konzentrationsgradient ist seinerseits eine Funktion vieler variabler Größen (z. B. der physikochemischen Eigenschaften und des Klüftigkeitsgrades des Nebengesteins, der chemischen Eigenschaften des Elements), deren Einfluß praktisch nicht bestimmt werden kann. Die von den Verfassern abgeleitete (und hier verbal erläuterte) Formel kann somit zur Bestimmung der Hofbreite nicht verwendet werden.

Den Verfassern gelang jedoch der Nachweis, daß — wie sehr sich die absoluten Größen der Konzentrationsgradienten der einzelnen Indikatorelemente auch verändern — ihr Verhältnis zueinander mehr oder weniger konstant bleibt. (Praktisch werden dem Minimalwert des Gradienten eines Elements der Wert Eins zugeschrieben und die übrigen Gradienten auf diesen bedingten Wert bezogen.) Auf diese Weise gelangten die Verfasser zu einer Reihenfolge der Beweglichkeit (Mobilität) der Indikatorelemente, freilich zunächst nur aus einer beschränkten Anzahl von Untersuchungen:

Molybdän (1) — Zink (1,5) — Kupfer (1,8) — Blei (2,1) — Uran (3,0).

Es existiert eine direkte proportionale Beziehung zwischen den Ausmaßen der Höfe und der Größe des Dispersionskoeffizienten der Elemente. (Dieser Koeffizient wird aus der Höhe der Elementkonzentration im Erz und deren minimale Höhe in der Anomalie berechnet.) Folglich ist es ohne aufwendige Versuchsarbeiten möglich, orientierende Hinweise für die Ausmaße des Hofes (und für einzelne Elemente) zu erhalten.

Für eine hydrothermale Uranlagerstätte in Felsiten hatten die Verfasser z. B. aus 200 Schlitzproben die arithmetischen Durchschnittsgehalte für 17 chemische Elemente des Erzkörpers bestimmt. Davon konnten — mit einem positiven Gradienten — jedoch nur sieben verwendet werden:

	Uran	Molybdän	Blei	Zink	Kupfer	Silber	Quecksilber
Dispersionskoeffizient	3,0	2,1	1,9	1,7	1,7	1,1	0,74

Daraus konnte geschlußfolgert werden, daß auf dieser Lagerstätte Uran wahrscheinlich den größten und Silber sowie Quecksilber den kleinsten Hof bilden würden. Die anschließende Untersuchung bestätigte das.

Diese Erkenntnisse lassen die Lösung einer ableitbaren interessanten Aufgabe zu: Aus dem Elementbestand eines irgendwie festgestellten Hofes orientierend den Elementbestand eines Erzkörpers zu bestimmen, mit dem die Aureole zusammenhängt; ferner: Nach den Ausmaßen des Hofes (seiner horizontalen Zonalität) die relativen Gehaltshöhen einzelner Elemente im Erzkörper zu bestimmen.

Wichtig für die Deutung der horizontalen Zonalität ist folglich, daß auf ihre Ausmaße neben der Mobilität der Elemente auch die Konzentration der Elemente im Erzkörper Einfluß ausübt und ihre Interpretation auch den minimalen Anomaliegehalt berücksichtigen muß.

Bei der vertikalen Zonalität muß unterschieden werden zwischen der vertikalen

a) Zonalität eines bestimmten Elements, die sich nur in Veränderungen der Parameter dieses Elements ausdrückt;

b) Zonalität des Gesamthofes, die sich aus der Zonalität der einzelnen Elemente ergibt, aus ihren Überlagerungen, wobei die Maxima und Minima gewöhnlich zueinander verschoben sind.

Die vertikale Zonalität kann einerseits durch Veränderungen (mit der Teufe) von Intensität und Breite des Hofes und andererseits des Charakters und der Stärke korrelativer Verbindungen ausgedrückt werden.

Jedes Studium eines endogenen geochemischen Hofes beginnt mit seiner Bemusterung. Mit Recht heben die Autoren hervor, daß die optimalen Methoden der Probenahme und -verarbeitung noch völlig ungenügend — insbesondere auch unter ökonomischem Aspekt, es handelt sich gewöhnlich um zahlreiche, massenhafte Proben — erforscht sind. Am besten haben sich in der Praxis noch sogenannte „punktierte Schlitze" bewährt: Aus dem betreffenden Intervall werden in 1—2-m-Abständen 5—6 Gesteinssplitter von 3—4 cm Durchmesser herausgeschlagen und zu einer Probe (von 150—200 g) zusammengefaßt. Wechselt das Gestein, werden von jeder Gesteinsvarietät Proben genommen. Klüfte und tektonische Zonen werden separat bemustert. Es ist selbstverständlich, daß das eine detaillierte Dokumentation der Probenahme notwendig macht.

Die Bemusterungsergebnisse „punktierter Schlitze" weisen, für sich betrachtet, zahlreiche zufällige Abweichungen auf und sind, einzeln betrachtet, oft nicht reproduzierbar, als Mittelwerte jedoch durchaus brauchbar (wie Untersuchungen der Verfasser zeigten).

5.

Die geochemische Suche von Lagerstätten über die Ermittlung geochemischer Anomalien besteht in:

a) der Entdeckung geochemischer Anomalien und

b) ihrer Konturierung und der Bestimmung ihrer wichtigsten Parameter (Zusammensetzung, Intensität, Ausmaße, Form usw.).

Zur Lösung der ersten Aufgabe ist der Vergleich mit dem geochemischen Hintergrund unerläßlich. Er wird durch die Analyse des Gesteins jenseits der durch die Vererzung beeinflußten Bereiche ermittelt.

Die Konturierung der Anomalie erfolgt nach dem ermittelten niedrigsten Gehalt des Hofes. Die richtige Bestimmung dieses niedrigsten Wertes entscheidet folglich über die fehlerfreie Konturierung.

Es ist ein Verdienst der Verfasser, die für diese Arbeiten gebräuchlichsten Verfahren und methodischen Überlegungen systematisch dargelegt zu haben. Wenn vieles davon auch als verstreute Information bekannt war, sind die zusammenfassende Darstellung und das Ineinandergreifen dieser Methoden außerordentlich instruktiv. Wie nützlich sind z. B. für den Praktiker die angegebenen Tabellen der Analysenempfindlichkeit (für verschiedene Analysenverfahren).

Äußerst wichtig ist ferner die Interpretation der erhaltenen Ergebnisse, die Deutung festgestellter Anomalien. Hier entstehen in der Praxis oft bedeutende Schwierigkeiten. Obwohl zu diesen Fragen die Wißbegier des Lesers meist den Rahmen jedes Buches übersteigt (die Natur stellt immer neue und oft immer andere Aufgaben), können die Darlegungen der Verfasser durchaus befriedigen. Sicher ist es auch am anschaulichsten, wenn die Anwendung der beschriebenen Methoden für die Suche verborgener Lagerstätten an Beispielen (5) erläutert wird. Allerdings wäre es nach Meinung des Rezensenten vorteilhafter gewesen, wenn dieses und das folgende Kapitel vereint worden wären, den Beispielen ferner eine instruktive Systematik der Arbeiten vorausgeschickt worden wäre, unter Berücksichtigung der konkreten natürlichen Bedingungen ihre Variation aufgezeigt und schließlich Beispiele und Erfolg dargelegt worden wären.

Alles in allem eine sehr wertvolle Arbeit, der man recht viele Leser unter unseren Geologen wünscht. F. Stammberger

Geologische und verfahrenstechnische Voraussetzungen für die Prognose und Suche von natürlichen Rohstoffen zur Herstellung von Porensinter[1)]

Heinz Schulz, Dresden

(Mitteilung aus dem VEB Geologische Forschung und Erkundung Halle, Betriebsteil Dresden)

In den letzten Jahren hat die Verwendung von Leichtzuschlagstoffen in der Bauindustrie zunehmend an Bedeutung gewonnen und ist heute bereits nicht mehr aus ihr wegzudenken. Diese Entwicklung erscheint nicht verwunderlich, da Leichtzuschlagstoffe und besonders Porensinter als ihr wichtigster Vertreter verschiedene im folgenden näher-erläuterte Bedingungen erfüllen, die an ein modernes Bauwesen gestellt werden. In diesem Zusammenhang ist besonders die Entwicklung in der UdSSR interessant, die den ersten Platz in der Erzeugung einnimmt und wo Versuche zur Herstellung von Leichtzuschlagstoffen bis in die 30er Jahre zurückreichen (Onazkij 1967).

In den Nachkriegsjahren hat hier die Erzeugung von Leichtzuschlagstoffen eine stürmische Entwicklung genommen und erreichte durch den Bau von zahlreichen Werken (bis 700000 m³/a) im Jahre 1965 ein Volumen von 6300000 m³ Keramsit, das sind etwa 85% des Gesamtumfangs an den hergestellten porigen Leichtzuschlagstoffen. Bis 1970 ist in der UdSSR infolge der großen Nachfrage eine weitere Steigerung bis auf 30–35 Mill. m³ vorgesehen.

Die langjährigen Erfahrungen der UdSSR haben natürlich auch ihren Niederschlag in einer umfangreichen Literatur gefunden. Im folgenden soll versucht werden, die wichtigsten Erkenntnisse in Verbindung mit den eigenen Erfahrungen auszuwerten und die notwendig erscheinenden Schlußfolgerungen für ihre Anwendung bei der prognostischen Einschätzung und der Suche entsprechender natürlicher Rohstoffe in der DDR zu ziehen. Letzteres erscheint um so notwendiger, da Leichtzuschlagstoffe z. Z. einen Defizitrohstoff darstellen.

Auf dem VII. Parteitag der SED stellte W. Ulbricht fest, daß „die proportionale Entwicklung der Volkswirtschaft erfordert, entsprechend prognostischen Einschätzungen, die Erhöhung der Bauproduktion bis 1980 auf das 2,5-fache zu steigern ... Die Produktion hochwertiger Baustoffe im Bauwesen und in anderen Zweigen ist wesentlich zu erhöhen ..., gleichzeitig muß die Ausnutzung der vorhandenen Reserven zur Steigerung der Arbeitsproduktivität und Senkung der Kosten durch die komplexe sozialistische Rationalisierung der Bau- und Baumaterialproduktion erfolgen ..."

Die Erfüllung dieser zweifelsohne hohen Forderung ist nur bei Einsatz aller Kräfte und unter Ausnutzung aller vorhandenen Reserven möglich. Besondere Bedeutung dürfte hierbei dem Einsatz neuer materialsparender Methoden und Verfahren im Bauwesen zukommen, die allgemein unter der Bezeichnung Leichtbau zusammengefaßt werden. Hierzu gehört aber auch der Einsatz neuer Baustoffe, mit z. T. neuen, für die großtechnische Fertigung günstigen Eigenschaften und hoher Effektivität.

Eines der wichtigsten und wie es scheint für die DDR attraktivsten Baumaterialien stellen hierbei die Porensinter dar, deren Erzeugung bei Nachweis entsprechender Rohstoffe sich auch in den nördlichen Gebieten der DDR organisieren läßt, wo zur Zeit ein erhebliches Defizit an Zuschlagstoffen besteht und vorhandene Lücken geschlossen werden könnten.

Nicht unwesentliche Bedeutung erlangen Porensinter und andere Leichtzuschlagstoffe durch ihre wärme- und schalldämmenden Eigenschaften sowie ihre geringe Dichte, die durch die daraus resultierende Reduzierung der Transportkosten und die generell leichteren Konstruktionen und Hilfsmittel (wie z. B. Hebezeuge) bei ihrer breiten Anwendung eine Senkung der Baukosten gestatten.

In Abhängigkeit vom Ausgangsmaterial und seinen spezifischen Eigenschaften kann man die Leichtzuschlagstoffe wie folgt gliedern:

1. Natürliche Leichtzuschlagstoffe umfassen in erster Linie Gesteine geringer Dichte. Hierzu rechnet man vulkanische Schlacken (Bimsstein), Kieselgur, Diatomeenschiefer, Tuffe, Muschelkalk usw.

2. Künstliche Leichtzuschlagstoffe erhält man aus Gesteinen und industriellen Abfallprodukten, die nach verschiedenen Verfahren bei Temperaturen von >1000 °C gebläht (oder wie Aggloporit — ein weiterer Leichtzuschlagstoff — gesintert) werden und eine Rohdichte von <1,00 kg/dm³ erlangen.

In Abhängigkeit vom Blähvermögen und den Ausgangssubstanzen kann man folgende Gruppen unterscheiden:

2.1. selbstblähende Rohstoffe, wie z. B. verschiedene Tone und Tonschiefer, Betonite, Kieselgur und vulkanische Gläser (Perlit, Pechstein), aber auch z. T. Glimmer (Vermiculit);

2.2. natürliche Rohstoffe, die nur unter Verwendung von Zusätzen ein befriedigendes Blähvermögen zeigen, wie z. B. verschiedene Tone, Lehme und auch Löß;

2.3. industrielle Abfallstoffe, wie verschiedene Aufbereitungsrückstände (Waschberge) u. a.

Von den verschiedenen Formen der Leichtzuschlagstoffe soll im weiteren nur der Porensinter interessieren. Dafür gibt es in den einzelnen Ländern sehr unterschiedliche Be-

Eingang des Manuskripts in der Redaktion: 18. 11. 1968.

1) Im vorliegenden Artikel wird die Bezeichnung Porensinter als Sammelbegriff für Blähton und Blähschiefer verwendet.

zeichnungen. Während in der DDR nach dem vorliegenden TGL-Entwurf „Blähton" und „Blähschiefer" empfohlen werden, gebraucht man in der UdSSR, ČSSR, Polen und Bulgarien den Namen Keramsit. In den westlichen Ländern sind weitere, z. T. sehr unterschiedliche Bezeichnungen eingeführt, die teilweise nur Firmenbezeichnungen darstellen. So spricht man von Leca (Dänemark), Rocklite, Herculite (USA), Laydag (Großbritannien), Hollith (Niederlande), Argex (Belgien) usw.

Unter Porensinter versteht man ein leichtes, poröses Material, das beim schnellen Brennen von geeigneten Rohstoffen unter bestimmten physiko-chemischen Bedingungen durch Blähen entsteht. Man erhält dadurch einen Baustoff mit zelliger Struktur, der bei geringer Dichte eine bedeutende Festigkeit und hohe wärme- und schalldämmende Eigenschaften aufweist. Die Porengröße schwankt zwischen einigen Mikrometern und wenigen Millimetern, wobei die Poren überwiegend durch Stege aus Gesteinsglas voneinander getrennt werden.

Porensinter erhält man allgemein in rundlichen Formen, sogenannten Granalien (oder pellets); eine Ausnahme machen nur die Blähschiefer, für die stückige und ± kantengerundete Formen kennzeichnend sind. Darüber hinaus kann Porensinter aber auch direkt in Formen gebläht werden und bedarf dann nur noch geringer Nachbehandlung.

Zur Erläuterung der technischen Anforderungen an Porensinter seien einige Werte aus der sowjetischen Norm für Keramsit (GOST 9759–65, verbindlich eingeführt ab 1. 7. 1967) genannt:

1. Danach teilt man die Keramsit-Granalien in Abhängigkeit von der Schüttdichte in 12 Sorten ein, beginnend mit der Sorte „150" (mit <150 kg/m³) bis zu „800" (mit einer Schüttdichte von 701–800 kg/m³).

2. Die Keramsit-Granalien dürfen nach 15 Frost-Tau-Zyklen nicht mehr als 8% Gewichtsverlust aufweisen.

3. Die Anzahl der beschädigten Granalien darf 15 Gew.-% nicht übersteigen.

4. Nach der Festigkeit werden die Keramsit-Granalien in die Klassen A und B unterteilt. Für die verschiedenen Fraktionen dürfen bei der Festigkeitsprüfung nach GOST 9758-61 in Abhängigkeit von der Klasse nachstehende Werte nicht überschritten werden (siehe Tab.).

Tabelle

Sorte	Festigkeit in kp/cm²		Sorte	Festigkeit in kp/cm²	
	A	B		A	B
„150"	4	3	„450"	20	17
„200"	5	4	„500"	25	20 (17)
„250"	8	6	„550"	30	23
„300"	10	8	„600"	35	30 (25)
„350"	14	10	„700"	45	30
„400"	17	14 (12)	„800"	60	40

5. Die Gehalte an sulfidischen und sulfatischen Verbindungen in den Granalien dürfen (umgerechnet auf SO_3) 1% nicht übersteigen.

6. Die Wassersättigung der Granalien (in Gew.-%) darf in Übereinstimmung mit GOST 9758-61 nach 1 h die nachstehenden Werte nicht überschreiten:

25% für die Sorten 150–400,
20% für die Sorten 450–600 und
15% für die Sorten 700 und 800.

Angaben über die wärme- und schalldämmenden Eigenschaften sind, wie auch in den beiden TGL-Entwürfen, nicht enthalten. Diese bis jetzt leider noch nicht bestätigten TGL (für Leichtzuschlagstoffe niedriger Dichte und gesondert für hohe Festigkeiten) unterscheiden sich in einigen Punkten vom sowjetischen Standard. Größere Abweichungen gibt es besonders bei der Art der vorgeschriebenen Festigkeitsprüfung. In der DDR wird nach TGL 0–52109 der umstrittene Druckzertrümmerungsgrad gefordert, dessen Anwendung einen direkten Vergleich der angegebenen Werte erheblich erschwert.

Allgemein gilt, daß man Porensinter in Abhängigkeit vom Blähvermögen der eingesetzten Rohstoffe mit Dichten zwischen 150 und 1300 kg/m³ herstellen kann. Den größten Wert für das Bauwesen besitzen aber die leichteren Porensinter (<500 kg/m³), die einen hocheffektiven Zuschlagstoff für die Herstellung von Leichtbetonen darstellen.

Porensinter hoher Dichte (>800–1000 kg/m³) sind für normale und Schwerbetone geeignet, zweckmäßigerweise werden sie aber nur in den Gebieten hergestellt, die keine ausreichenden Mengen an natürlichen Zuschlagstoffen (Sand, Kies, Splitt) aufweisen. Unter derartigen Bedingungen erscheint ihre Erzeugung auch wirtschaftlich vertretbar.

In der DDR werden z. Z. Porensinter nur an wenigen Orten hergestellt. Hier ist an erster Stelle das Porensinterwerk des VEB Vereinigte Thüringische Schiefergruben Unterloquitz zu nennen, das seit 1959 auf der Grundlage von Schieferschutt (Abraum und Rückstände der Dachschieferverarbeitung) Blähschiefer hergestellt und eine Leistung von etwa 80000 m³/a erreicht hat (nach BOLLER 1966). Weiterhin muß das seit 1960 produzierende Porensinterwerk des VEB Baustoffkombinat Grimmen genannt werden, das auf der Basis von Lias-Tonen jährlich etwa 60000 m³ produziert (nach FELLMER 1967). Weiterhin ist die Einrichtung einer weiteren Produktionsstätte für die Erzeugung von Blähschiefer in der Rennanlage des VEB Maxhütte, Unterwellenborn, beabsichtigt, da Versuche zur Verarbeitung ordovizischer Lederschiefer günstig verliefen (DECKER & HOFFMANN 1968). Der Aufbau weiterer Produktionskapazitäten in verschiedenen Teilen der Republik ist in Vorbereitung, da der rasch steigende Bedarf der Bauindustrie nicht gedeckt werden kann.

Verfahrenstechnische Grundlagen der Erzeugung von Porensinter

Die Herstellung von Porensinter ist nach verschiedenen Verfahren möglich. Das häufigste ist das auch in der DDR angewandte Drehrohrofen-Verfahren.[2]) Hierbei werden zu Granalien geformte tonige Rohstoffe (oder auch Schiefersplitt) eingesetzt und gelangen nacheinander vom kalten Ofenende zur Zone der maximalen Temperatur. Die mittlere Verweilzeit der Granalien beträgt nach ELINSON & WINOGRADOW (1966) in einem Ofen von 40 m Länge etwa 30–40 Minuten. Während der ersten 24–26 Minuten erfolgt die Erwärmung bis zu Temperaturen von etwa 600 °C. In den folgenden 2–4 Minuten steigt sie bis auf 1200–1250 °C, dort verbleiben die Granalien etwa 10–15 Minuten.

Um das Zusammenbacken der Granalien zu vermeiden, muß die Ofenatmosphäre — in Abhängigkeit von den bereits genannten Bedingungen — einen schwach oxidierenden Charakter besitzen. Bei diesen Temperaturen verlaufen verschiedene Prozesse, wie der Dehydration, der Glasphasenbildung und des Zusammensinterns sowie des Schmelzens. Das Blähvermögen, die Größe, Form und der Charakter der ausgebildeten Strukturen in den Granalien hängt von der Viskosität und der Oberflächenspannung der pyroplastischen Phase sowie von der Menge der entweichenden und der in den Granalien verbleibenden Gase ab. Das größte Volumen der Granalien erhält man dann, wenn die eingesetzten Tone vollständig in den pyroplastischen Zustand übergehen. Unter diesen Bedingungen entsteht auch die optimale Porensinterstruktur, die durch eine gleichmäßige Porosität im Inneren und eine dicht abschließende Außenhülle der Granalie gekennzeichnet wird. Dazu ist aber außer der schwach oxidierenden Ofenatmosphäre ein reduzierendes Milieu im Inneren der Granalien, bei einer etwa 100–250 °C

[2]) Ein anderes, außerordentlich effektives Verfahren stellt das sogenannte Zirkulationsströmungs- (ZS- oder Thermoschock-)Verfahren dar (DENNERT 1966, 1968).

niedrigeren Temperatur als an der Außenhülle, erforderlich.

In diesem notwendigen Bereich des pyroplastischen Zustandes (etwa 30—100 °C umfassend) erlangen die eingesetzten Rohstoffe die Eigenschaften hochviskoser Flüssigkeiten und verhindern das Entweichen der im Inneren der Granalien freiwerdenden Gase, die ihrerseits zum Blähen führen. Daraus ergibt sich als Grundlage für das Blähen der Porensinter das Zusammenwirken von mehreren Vorgängen, deren wichtigste sind:

a) die Bildung eines pyroplastischen Zustandes mit optimaler Viskosität (experimentell mit 10^8—10^6 Poise bestimmt);

b) das Entstehen von Gasen in den Granalien während des vollständig ausgebildeten pyroplastischen Zustandes (dadurch wird ihr Entweichen verhindert und das Blähen ermöglicht). Diese Gase bestehen nach ONAZKIJ (1967) und POHLHARDT (1966) zu $>90\%$ aus CO_2, H_2O und CO;

c) die Beständigkeit der erreichten optimalen Viskosität der pyroplastischen Massen innerhalb eines ausreichend großen Temperaturbereiches (von >50 °C).

Wie verhalten sich nun die eingesetzten Rohstoffe beim Brennen, und welche Vorgänge finden hierbei statt?

Im Intervall von 100—180 °C wird aus dem Ausgangsmaterial das gesamte freie und adsorbierte Wasser entfernt, bei weiterer Temperaturerhöhung bis etwa 900 °C auch der Hauptteil des mineralogisch gebundenen Wassers. Gleichzeitig damit erfolgt in diesem Intervall unter Abspaltung von CO_2 die Dissoziation der Karbonate (Siderit bei 300—400 °C, Mg-haltige Karbonate zwischen 600 und 700 °C, aber von Kalzit erst bei etwa 900 °C). Die flüchtigen Komponenten organischer Substanzen entweichen zwischen 200 und 600 °C, aber das SO_2 infolge der Oxydation von Sulfiden (Pyrit) und der Dissoziation von Gips erst bei Temperaturen von >700 °C. Mit zunehmender Temperatur erlangen durch das ständige Entweichen sauerstoffreicher Verbindungen Reduktionsvorgänge, durch die Anreicherung von Magnetit und anderen Fe(II)-Verbindungen ersichtlich, größere Bedeutung.

Durch die Dehydratisierung der Tonminerale kommt es beim Brennen zu einem allmählichen Abbau ihrer Kristallgitter, so von Kaolinit bei 400—650 °C und von Montmorillonit und Hydroglimmer im Bereich von 300—900 °C. Der vollständige Abbau der Gitter und die Amorphosierung der Tonminerale, bei gleichzeitiger Abgabe der letzten Reste von Konstitutionswasser, erfolgt im Temperaturintervall von 900—1050 °C. Bei noch höheren Temperaturen entsteht Mullit, und es kommt (unter Beteiligung von Eisenoxiden und anderen Flußmitteln) zur Bildung der Glasphase. Dadurch ist im Temperaturintervall von 1050—1200 °C der Hauptteil des eingesetzten Rohstoffes durch Bildung verschiedener Eutektika und besonders unter Einbeziehung anderer feindisperser Bestandteile geschmolzen; gleichzeitig damit erfolgt die Herausbildung des bereits erwähnten pyroplastischen Zustandes.

Der Ordnungsgrad kristalliner Phasen besitzt einen großen Einfluß auf die Bildung der Schmelze. Nach ELINSON & WINOGRADOW (1966) gilt als Regel, daß ungeordnete amorphe Phasen bedeutend schneller, d. h. bei niedrigeren Temperaturen, schmelzen als kristalline Phasen mit defektem Gitter, demgegenüber besitzen defektfreie, vollkristalline Phasen den höchsten Schmelzpunkt. Tonminerale mit maximalen Gehalten an Flußmitteln und größter Dispersität, wie montmorillonitische und beidellitische Tone schmelzen deshalb am leichtesten, während illitische und hydrochloritische Tone erst bei höheren Temperaturen die Ausbildung der Schmelzphase ermöglichen.

Beim Brennen der Porensintergranalien werden praktisch nur die feinsten Fraktionen mit einem Durchmesser von <5 μm restlos geschmolzen, soweit sie vorherrschend aus Mineralien der Montmorillonit-, Beidellit- und Illit-Serizit-Gruppe bestehen. Schwerschmelzende Minerale, wie Kaolinit, Halloysit und Monothermit, schmelzen dagegen nur, wenn sie sich in feindisperser Form in einem dichten Gemenge mit leichtschmelzenden Mineralien befinden. Damit werden gleichzeitig in der entstehenden Schmelze auch verschiedene feindisperse Beimengungen, wie Eisenhydroxide, Glimmerblättchen u. a., geschmolzen. Größere (auch hydratisierte) Glimmerblättchen mit 5—10 μm Durchmesser werden bei den genannten Temperaturen amorph, aber schmelzen nicht, sie werden nur randlich in 1—3 μm Tiefe teilweise gelöst.

Aus diesen Tatsachen ist bereits erkennbar, daß die Korngrößenverteilung der Rohstoffe von erheblicher Bedeutung für die Erzeugung von Porensinter ist. So dienen die leichtschmelzenden Tonminerale der Fraktion <5 μm als Grundlage für die Entstehung der pyroplastischen und blähenden Schmelzen, während die 5—10 μm großen Ton- und Glimmerteilchen nur in geringem Umfang geschmolzen werden. Die Fraktion der Tone >10 μm, bestehend aus Quarz, Feldspäten, Pyroxenen, Amphibol usw., ist dagegen an der Schmelze praktisch unbeteiligt. In geringem Umfang werden lediglich serizitisierte Feldspäte und Glaukonite von der Schmelze aufgenommen, wobei erstere bis zu 1—2 μm Tiefe randlich gelöst werden können.

Besondere Aufmerksamkeit ist dem Verhalten der Karbonate zu widmen, die unter der Abspaltung von CO_2 dissoziieren. Die zurückbleibenden Ca- und Mg-Oxide werden aber nur zu geringen Teilen (8—10 μm Tiefe) aufgenommen, z. T. unter Bildung von Parawollastonit, Cordierit und Anorthit in den randlichen Teilen der Glasphase. Aus diesen Gründen werden Karbonatteilchen der Größenordnung $>0{,}06$ mm nur unvollkommen aufgenommen, wobei in ihren zentralen Teilen freies CaO und MgO verbleiben, die beim Zutritt von Feuchtigkeit unter starker Volumenzunahme zur Hydratisierung führen. Die erforderliche Zeit bis zur vollständigen Wasseraufnahme der genannten Oxide hängt von ihrer Verteilung und der Dichte der erhaltenen Porensinterstruktur ab. Oberflächennahe Einschlüsse hydratisieren meist schon bei Zutritt der Luftfeuchtigkeit, während sich im Inneren der Granalien vorhandene Ca- und Mg-Oxide einige Wochen lang halten können und erst nach der Verarbeitung zu Betonfertigteilen hydratisiert werden.

Besondere Bedeutung kommt weiterhin den organischen Substanzen als Blähgasbildner bei praktisch allen Bedingungen der Porensinter-Herstellung zu, gleichzeitig dienen sie zur Erhaltung des notwendigen reduzierenden Milieus im Inneren der Granalien. Die organischen Beimengungen und die durch sie beim

Brennen weitgehend kontrollierten Redox-Reaktionen besitzen doppelte Bedeutung:

a) Erniedrigung des Erweichungspunktes der Tone durch die Bildung leichtschmelzender Fe(II)-Oxide,

b) wichtigste Quelle für die Bildung der Blähgase in den meisten Tonen.

Bei zu hohen Gehalten an organischen Substanzen (>5%) blähen Tone allerdings nur unbefriedigend, da dann keine Porensinterstrukturen mit geschlossener, zusammengesinterter Außenhülle entstehen.

Für die zur Porensinter-Herstellung am besten geeigneten hochplastischen Tone ist ein langsames Ausbrennen der enthaltenen organischen Substanzen charakteristisch, dieser Vorgang soll beim Abschluß des Brennvorganges noch nicht beendet sein. Anders gesagt, für das Blähen von Tonen gilt die Existenz einer Gasphase während des entscheidenden Teiles des Brennprozesses als notwendige Bedingung.

Zur Steuerung des Blähvorgangs und vor allem auch zur Erhöhung des Blähvermögens von mäßig bis schlecht blähenden tonigen Rohstoffen ist die Verwendung von Zusätzen üblich, die dem eingesetzten Material möglichst gleichmäßig zugemischt werden müssen und besonders bei großer Oberflächenaktivität die Intensivierung der beim Brennen ablaufenden physikalisch-chemischen Prozesse bewirken. Nach BERTOLDI (1964) unterscheidet man hierbei Blähaktivatoren, die zur Stimulierung des Blähvorgangs führen oder auch die Verwendung schlechterer Rohstoffe zur Erzeugung hochwertiger Porensinter ermöglichen. Dafür verwendet man beispielsweise Sulfitablaufe (ein Abfallprodukt der Papierindustrie), Eisenoxide und Hydroxide (wie Raseneisenerze und Kiesabbrände), Bitumina und minderwertige Schweröle (besonders stark schwefelhaltige), aber auch Dieselöl und Altöle jeder Art sowie Kohlengrus und Kohlenstaub usw.

Weiterhin kennt man sogenannte Rohstoffverlängerer, die die Verwendung von Abfallprodukten und damit die billigere Herstellung gestatten, hierzu rechnet beispielsweise der Einsatz niedrigschmelzender Schlakken, Aschen usw.

Von den zahlreichen bekannten Arten von Zusätzen werden im wesentlichen folgende Parameter beeinflußt:

Verringerung der Porensinter-Dichte,
Erhöhung der Festigkeit,
Senkung der Brenn-(Bläh-)Temperatur,
Erweiterung des Blähbereiches,
Vermeidung des Zusammenbackens der Granalien.

Für die Verwendung von Zusätzen gibt es offensichtlich noch keine ausreichend gesicherten Grundlagen, so daß in der Praxis, in Abhängigkeit von den Rohstoffeigenschaften, den gemachten Erfahrungen besondere Bedeutung zukommt. Gleichzeitig muß man darauf hinweisen, daß die Verwendung von Zusätzen stets eine zusätzliche finanzielle Belastung des Endproduktes darstellt.

Substantielle Anforderungen an Porensinter-Rohstoffe

Aus dem Vorangehenden ergeben sich sehr konkrete Anforderungen an die Zusammensetzung von Porensinter-Rohstoffen (Tonen und Tonschiefern), sie sich vorwiegend auf die mineralogische und chemische Zusammensetzung sowie die Korngrößenverteilung beziehen. Auf die große Bedeutung dieser Faktoren kann nicht genug hingewiesen werden, da mangelnde Bewertung der Rohstoffe in der Vergangenheit schon mehrfach zu ernsten Schäden in der Produktion von Porensinterwerken führte und durch die notwendigen Rekonstruktionen und z. T. auch Umstellungen der Produktion erhebliche volkswirtschaftliche Verluste bewirkte (ELINSON & WINOGRADOW 1966).

a) Mineralogische Zusammensetzung

Leichtschmelzende Tone (und Tonschiefer) zur Herstellung von Porensinter bestehen nach den bisher gemachten Erfahrungen vorwiegend aus Montmorillonit, Beidellit, Hydroglimmern (Illiten) und Hydrochlorit. Andere Minerale, wie Quarz, Karbonate, Glaukonit, Feldspäte, können bei entsprechenden Korngrößen ohne Störungen in geringen Mengen enthalten sein. Schwerschmelzende Minerale, speziell der Kaolinit-Gruppe, wirken dagegen auf den Blähvorgang stark hemmend.

b) Korngrößenverteilung

Für leichtschmelzende Tone ist bekanntlich der Grad der Dispersion eine sehr entscheidende Kenngröße und nimmt einen sehr großen Einfluß auf das Blähvermögen. Neben der weitgehenden Homogenität ist in erster Linie der Anteil der feinsten Fraktionen (<10 μm) entscheidend. Zur Herstellung von Porensinter ist nach den vorliegenden Erfahrungen ein Anteil von 30% in der genannten Fraktion das Minimum, während man für gute Porensinterqualitäten (Dichte <500 kg/m^3) einen Anteil von >60% an der Fraktion <10 μm fordern muß. Diese Daten werden durch statistische Auswertungen sowjetischer Porensinter-Rohstoffe nachdrücklich gestützt (SOLOWJEWA 1966, GRIGOROWITSCH 1966).

Für die Herstellung von Blähschiefern kommt als weitere Forderung an geeignete Tonschiefer hinzu, daß die Gehalte an kristallinen Einschlüssen (>10 μm) 30% nicht übersteigen dürfen.

c) Chemische Zusammensetzung

Sie soll als letzter, aber bei weitem nicht als unwichtigster Faktor genannt werden, der das Blähvermögen wesentlich beeinflußt. Als optimal kann man für blähende Tone zur Porensinter-Erzeugung folgende Zusammensetzung angeben:

SiO_2	50 –65 %
Al_2O_3	16 –24 %
Fe_2O_3 + FeO	5 –10 %
MgO	1,5– 4 %
CaO	0,5– 3 %
K_2O + Na_2O	2 – 7 %
org. Subst.	1 – 3,5%

Für die wichtigsten genannten Komponenten kann man zusammenfassend folgende Erklärung geben:

SiO_2 (besonders als Quarz) wird nur in geringen Mengen gelöst und verringert infolge Erhöhung der Oberflächenspannung das Blähvermögen ganz erheblich.

Al_2O_3 verringert die Oberflächenspannung (ONAZKIJ 1967), demgegenüber vertritt POHLHARDT (1966) die Ansicht, daß Al_2O_3 die Oberflächenspannung erhöht. Unbestrittene Tatsache ist aber, daß das Blähvermögen von Tonen mit zunehmenden Al_2O_3-Gehalten (bis zu einem Optimum von etwa 24%) ansteigt.

Die Gehalte an Flußmitteln (Summe der Oxide FeO + Fe_2O_3, K_2O, Na_2O sowie von CaO und MgO) sollen nach POHLHARDT (1966) 15–20% erreichen, um ein gutes Blähen zu bewirken. Im einzelnen gilt, daß Na_2O und K_2O die Viskosität der Schmelze erniedrigen und das Temperaturintervall der Blähung vergrößern, während MgO die entgegengesetzte Wirkung aufweist. Komplizierter ist der Einfluß von CaO, da es in seinem Verhalten durch die Temperatur und sein Verhältnis zur Liquidus-Linie bestimmt wird. So gilt nach ONAZKIJ (1967), daß die Ca-Oxide bei Temperaturen unterhalb der Liquidus-Linie die Viskosität der Schmelze erhöhen, aber bei den darüberliegenden Temperaturen erniedrigen.

In diesem Zusammenhang sei gleichzeitig darauf hingewiesen, daß die häufig verwendeten Blähfelder nach RILEY und WILSON (angegeben in einem ternären System mit den Koordinaten für SiO_2, Al_2O_3 + TiO_2 und der Summe aller Flußmittel) zur Entscheidung, ob sich ein Rohstoff zur Erzeugung von Porensinter eignet, keine oder nur sehr angenäherte Aussagen gestattet. Das wird dadurch bedingt, daß weitere für den Blähvorgang wesentliche Faktoren und Bedingungen im Blähfeld keine Berücksichtigung finden.

An dieser Stelle sei nachdrücklich betont, daß die Beurteilung eines Tones auf seine Eignung als Porensinterrohstoff außerordentlich komplex ist und die ausreichende Beachtung aller hierbei wirksamen variablen Größen erfordert. Auf die Kompliziertheit dieser Erscheinungen kann nicht deutlich genug aufmerksam gemacht werden. Die einzelnen Parameter stehen fast alle miteinander in kausalen Zusammenhängen und sind nicht durch einfache Beziehungen zu charakterisieren.

Geologische Voraussetzungen der Prognose und Suche von Porensinter-Rohstoffen

Aufbauend auf den erläuterten verfahrenstechnischen und stofflichen Anforderungen ergeben sich wichtige Voraussetzungen zum Nachweis von Rohstoffen für die Porensinter-Erzeugung.

Die geforderten homogenen Sedimente, vorwiegend bentonitischer bis illitischer Zusammensetzung und mit geringen Gehalten an organischen Substanzen, wie sie bevorzugt zur Erzeugung von Porensintern Verwendung finden, werden unter verschiedenartigen geologischen Bedingungen gebildet.

Bekanntlich wird die Zusammensetzung der Tone durch mehrere unterschiedliche Faktoren bestimmt, so u. a. durch den Stoffbestand des Nährgebietes, den Bildungsraum, die Transportbedingungen der Tonsuspensionen, die klimatischen Verhältnisse u. a. Besondere Bedeutung kommt aber hierbei den physikochemischen Bedingungen zu (Abb. 1). Weiterhin ist zu beachten, daß für die Tone die Umwandlung der primären Minerale durch den lang anhaltenden Einfluß

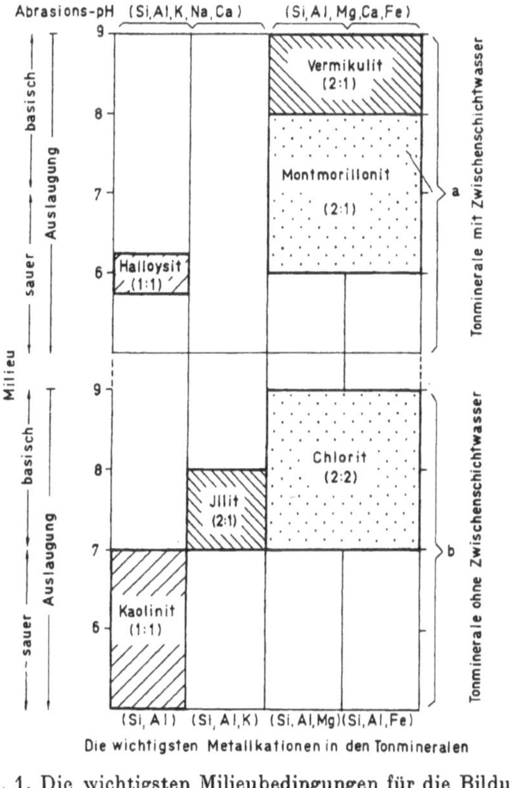

Abb. 1. Die wichtigsten Milieubedingungen für die Bildung von Tonmineralen (nach DEGENS 1965)

veränderlicher Umweltbedingungen zu stabileren Mineralen sehr kennzeichnend ist.

Die Bildung von Porensinter-Rohstoffen stellt einen ganz speziellen Fall der Bildung toniger Ablagerungen dar, die durch bestimmte geologische Faktoren kontrolliert wird. PERFILJEW (1966) nennt hierfür:

1. Die tektonische Position

Die Tektonik ist u. a. bestimmend für das Verhältnis zwischen der physikalischen und der chemischen Verwitterung, aber auch für die Dauer, die Transportbedingungen bis zur Ablagerung und letztlich auch für die Größe und Zusammensetzung der sedimentierten Teilchen. Auf diese Weise hängen vom Charakter und der Intensität der tektonischen Bewegung aber auch Form, Größe und Mächtigkeit der tonigen Ablagerungen ab.

Zur Verdeutlichung des Einflusses der Tektonik auf die Sedimentation muß man zweckmäßigerweise zwischen Plattform- und Geosynklinal-Bedingungen unterscheiden:

a) Plattformen, die durch geringe epirogenetische Bewegungen und große zeitliche Konstanz gekennzeichnet werden, besitzen besonders in den sogenannten Syneklisen beste Voraussetzungen für die Ansammlung feinster und gut sortierter toniger Verwitterungsprodukte, die hier im Ergebnis einer lang anhaltenden Verwitterung und nach $\pm$ langen Transportwegen abgelagert werden. Infolgedessen werden die tonigen Ablagerungen der Plattformen durch hohe Dispersität und Homogenität der Zusammensetzung gekennzeichnet. Trotz großer Verbreitung besitzen sie aber meist nur geringe Mächtigkeiten.

Eine weitere kontinentale (allerdings nicht nur an Plattformen gebundene) Ablagerungsform stellen die glaziogenen Bildungen dar, die weitgehend in ihrer Morphologie durch das alte Relief kontrolliert werden (z. B. Bändertone) und bei $\pm$ geringen Mächtigkeiten größere Erstreckung aufweisen.

Geosynklinalgebiete

b) In den Geosynklinalgebieten mit einer starken vertikalen Beweglichkeit und größerer horizontaler Gliederung werden Tone in unterschiedlichem Umfang abgelagert. So treten in die marinen Randzonen und Zwischengebirgssenken sowohl die tonigen Verwitterungsprodukte aus den weitgehend eingeebneten Plattformen der Umgebung als auch aus den stark gegliederten Geosynklinalbereichen ein. Deshalb sind die dort abgelagerten tonigen Sedimente relativ schlecht sortiert und nur wenig homogen, während gut sortierte und über größere Flächen aushaltende mächtige Tonablagerungen nur in den uferfernen Meeresteilen entstehen. In den Meeren der Zwischengebirgssenken werden dagegen vorherrschend klastische Komponenten abgelagert, infolgedessen treten hier zur Porensinter-Herstellung geeignete Tone in bauwürdigem Umfang praktisch nicht auf.

Die im Anfangsstadium der Entwicklung einer Geosynklinale in größeren Mengen auftretenden vulkanischen Produkte des initialen Magmatismus, sowohl in Form grobklastischer Ablagerungen als auch vulkanischer Aschen — häufig in Wechsellagerung mit Tonen —, können im Laufe der submarinen Verwitterung zu mächtigen Folgen hochwertiger bentonitischer Tone umgebildet werden, die zur Herstellung von Porensinter geeignet sind.

Im anschließenden Stadium der Geosynklinale führt die mit der Ausfaltung verbundene Dynamometamorphose zur Umbildung der tonigen Ablagerungen und zur Entstehung von Tonschiefern, Phylliten, Gneisen usw. Die niedriger beanspruchten Schiefer gestatten unter bestimmten Umständen noch ihre Verwendung zu Leichtzuschlagstoffen (Blähschiefer). Dagegen beeinflussen die Kontakt- und die hydrothermale Metamorphose (Hornfelsbildung, Verquarzung usw.) das Blähvermögen toniger Sedimente zu sehr negativ und machen ihre Verwendung zur Herstellung von Leichtzuschlagstoffen praktisch unmöglich.

2. Ein weiterer Faktor, der die Bildung toniger Ablagerungen kontrolliert, ist u. a. die Morphologie des Meeresbodens, die besonders Einfluß auf die Korngrößenverteilung der Tone sowie auf ihre Mächtigkeiten nimmt. Analog gilt das ebenfalls für die kontinentalen Ablagerungen.

Praktisch wirkt sich das z. B. so aus, daß an der Oberfläche submariner Erhebungen (Rücken, Untiefen usw.) vornehmlich schlecht sortierte tonige Sedimente geringer Mächtigkeit, aber in den Beckengebieten mächtige Folgen feindisperser toniger Ablagerungen sedimentiert werden.

Dieser Vorgang wird zusätzlich durch die Wasserströmung beeinflußt, die zu zeitlichen Auswaschungen in den erhöhten Teilen des Reliefs führt, während die beckentiefsten Teile durch eine kontinuierliche Sedimentation gekennzeichnet werden. Die Verringerung der Wasserströmung in den Trögen und Becken besitzt aber noch einen weiteren interessanten Aspekt, da sie hier eine Zunahme der H_2S- und CO_2-Konzentration bewirkt und infolgedessen zu einem stark reduzierenden, basischen Milieu durch die langsame Zersetzung der hier angereicherten organischen Substanzen führt.

Tonige Sedimente mit syngenetischem Pyrit und fein dispers verteilten organischen Substanzen, das Fehlen einer benthonischen Fauna sowie die große Feinkörnigkeit der homogenen Ablagerungen sind so für die Bildungen in den Tiefseebecken charakteristisch, aber gleichzeitig auch in Flachwassergebieten mit einem sehr ausgeglichenen Relief unter den Bedingungen einer schwachen oder fehlenden Wasserbewegung in den bodennahen Gewässern (z. B. in Lagunen) möglich. Infolge des höheren Druckes in den tieferen Gewässern enthält hier das Wasser meist größere CO_2-Mengen als an der Wasseroberfläche. Die tonigen Tiefseesedimente sind deshalb auch nicht karbonatisch, können aber größere SiO_2-Mengen enthalten.

3. Einen weiteren wichtigen kontrollierenden Faktor für den Stoffbestand von Sedimentgesteinen stellt das Klima dar (Abb. 2), das hat in erster Linie für die Bildung der Tonminerale und Karbonate Bedeutung.

Bekanntlich wird die Ausfällung der für die Porensinter-Erzeugung störenden Karbonate durch die p- und t-empfindliche Kohlensäure bestimmt. Mit der Temperaturerhöhung nimmt die Sättigung des Meereswassers mit Kalziumkarbonat bis zur Ausfällung zu. Das erfolgt meist in Ufernähe, auf Untiefen und Barren, teilweise unter Mitwirkung wärmeliebender Organismen, wie Korallen usw., d. h. dort, wo es bei entspre-

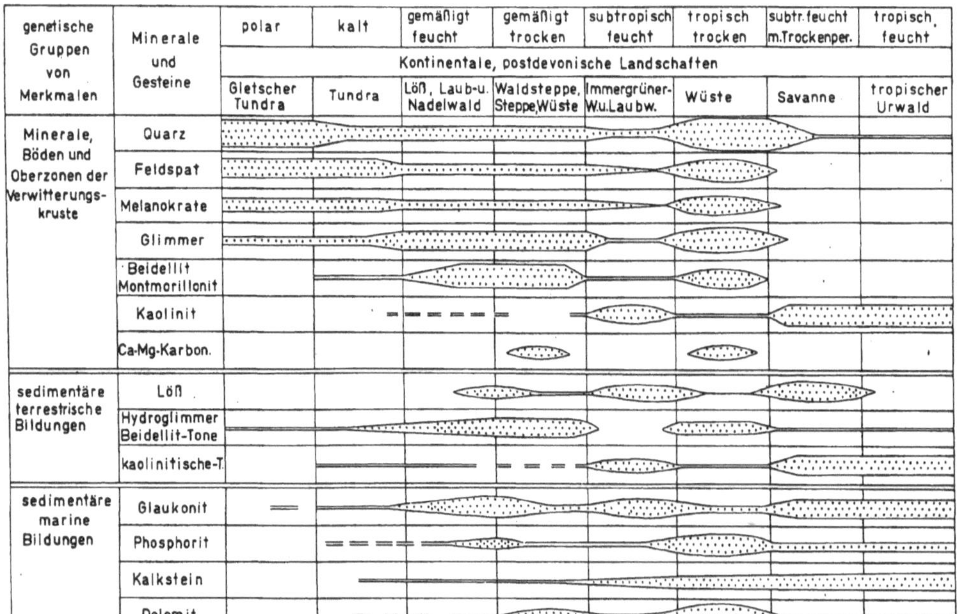

Abb. 2. Die Verteilung von Mineralen und sedimentären Bildungen in Abhängigkeit von den klimatischen Bedingungen (nach BUSCHINSKIJ)

chendem Klima bevorzugt zur schnellen Erwärmung kommt.

In den fließenden Gewässern feucht-kalter Klimate werden dagegen allgemein keine Karbonate ausgefällt, da die entsprechenden physiko-chemischen Bedingungen nicht erreicht werden. Besonders deutlich ist das in den tonigen Ablagerungen glazialer Gewässer, wie in den Schmelzwasserbecken von Gletschern, wo in erheblichen Mächtigkeiten kalkarme, vorwiegend illitische Bänder- und Warventone abgelagert werden. Gleichzeitig bilden sich im kalten Klima auch keine schwerschmelzenden kaolinitischen Tone (bzw. nur als Ausnahme), sondern hier herrschen illitische Bildungen vor.

Verallgemeinert man die verschiedenen geologischen Faktoren, so kann man folgende wichtigste geologische Bildungsbereiche von Porensinter-Rohstoffen unterscheiden:

A) Im marinen Bildungsbereich gewinnen vorwiegend die (Schelf-, Intra- und Epikontinental-)Meere aus gemäßigten und kalten Klimaten die Hauptbedeutung. Man muß hierbei aber noch zwischen ufernahen und uferfernen Gebieten unterscheiden.

1. In den ufernahen Teilen der Meere werden die vom Festland kommenden Tonsuspensionen beim Eintritt in das elektrolytreiche Meereswasser zu erheblichen Teilen koaguliert und ausgefällt, parallel dazu erfolgt die Ablagerung der gröberen klastischen Komponenten. In dessen Ergebnis entstehen hier (auch tonige) Bildungen, die durch erhöhte Absätzigkeit in der stofflichen Zusammensetzung und ungeeignete Korngrößenverteilungen gekennzeichnet werden.

2. In den uferfernen Teilen der marinen Bekken kommt es dagegen zu einer sehr langsamen Ausfällung der restlichen tonigen Substanzen, als letztes Glied der mechanischen Differentiation der Sedimente. Innerhalb großer Zeiträume entstehen hierbei gut sortierte, sehr feinkörnige, weit ausgedehnte und sehr mächtige, homogene tonige Ablagerungen. In Bereichen mit geringer Wellenbewegung (entweder in tieferen Meeresteilen oder in Flachwasserbecken mit günstigen morphologischen Eigenschaften, wie z. B. Lagunen) kommt es zur Anreicherung organischer Substanzen und gelegentlich damit verbunden zu Bereichen mit einer Schwefelwasserstoffvergiftung mit $\pm$ geringen Mengen an dispers verteilten Sulfiden und geringen Karbonatgehalten.

B) Unter kontinentalen Bedingungen kann man ebenfalls verschiedene genetische Typen der Bildung toniger Sedimente unterscheiden, die für die Porensinter-Herstellung praktische Bedeutung gewinnen können. Die wichtigsten sind:

1. Limnische Tone, die meist reich an organischen Substanzen sind und besonders in den glazial geformten Gebieten (z. B. des Pleistozäns) größere Verbreitung finden, wo sie an örtliche Senken (Typ der Bänder- und Beckentone) gebunden sind. Derartige Ablagerungen sind meist ausreichend homogen, enthalten aber nur selten, besonders im Vergleich zu marinen Ablagerungen, große Vorräte.

2. Eluviale, alluviale und proluviale Tone sind infolge ihrer erheblichen Heterogenität und den nur geringen Vorräten kaum für die praktische Nutzung zur Herstellung von Porensinter geeignet.

3. Decklehme und Tone (Löß- und Lößlehm) sind außerordentlich weit verbreitet, besonders in der Umgebung glazialer Gebiete. Sie enthalten allerdings teilweise hohe Quarzgehalte und sind deshalb trotz großer Homogenität, Feinheit und Erstreckung nur bedingt für die Porensinter-Herstellung geeignet. Zum Blähen sind nur die plastischsten Bildungen mit den geringsten Sandgehalten und den größeren Mächtigkeiten brauchbar und bedürfen zur Herstellung von Porensinter geringer Dichte meist eines Zusatzes.

Von den genannten Bildungsbereichen besitzen nach ihrer Erstreckung und den Vorräten besonders die marinen Tone größere Bedeutung. Da sich die Sedimentationsbedingungen in der marinen Fazies häufig in größeren Zeiträumen nicht änderten, entstanden so homogene Schichtenfolgen bis zu über hundert Meter Mächtigkeit. Aus diesen Gründen ist es zweckmäßig, die prognostischen und Sucharbeiten vorrangig auf den Typ der marinen Porensinter-Tone zu konzentrieren.

Zur Bemusterung der Porensinter-Rohstoffe

Die praktischen Arbeiten zur Prognose und Suche von Porensinter-Rohstoffen besitzen, bedingt durch die Eigenarten dieser Substanzen, einige Besonderheiten, wobei besonders der Bemusterung große Aufmerksamkeit zu schenken ist.

Die Bemusterung von Porensinter-Rohstoffen erfolgt üblicherweise durch Bohrungen und Schurfgräben, wobei jeweils einzelne Intervalle zu Proben vereinigt werden. Die Einteilung der einzelnen Proben erfolgt unter spezieller Berücksichtigung des Sandgehalts, der Karbonatführung, Feinheit der Tone oder der Plastizität und weiterer makroskopischer Eigenschaften. Die geringste Schichtmächtigkeit sollte 1 m nicht unterschreiten. Liegen mächtige homogene Tonablagerungen vor, werden 3—5 m mächtige Intervalle zu einer Probe vereinigt. Danach erfolgt die weitere Behandlung der Proben in Übereinstimmung mit den geltenden Bestimmungen (Zerkleinern, Vierteln usw.). Es ist darauf zu achten, daß ausreichend Probematerial für die verschiedenen Untersuchungsformen (5—6 Probebrände, chemische und granulometrische Analyse) entnommen wird. Wertvolle Hinweise für die Eignung von Tonen und Lehmen zur Herstellung von Porensinter liefern Bläherscheinungen in den Ziegeleien.

Da quantitative Abhängigkeiten zwischen der chemischen, mineralogischen und granulometrischen Zusammensetzung und dem Blähvermögen fehlen und die direkte Bestimmung des Blähvermögens — als wichtigster Eigenschaft der Porensinter — relativ einfach und billig ist, erfolgt die Bemusterung entsprechender Rohstoffe vornehmlich durch die direkte Bestimmung des Blähvermögens (SYROMJATNIKOW 1966). Im einzelnen empfiehlt es sich zu untersuchen:

1. Das Blähvermögen der Tone hängt außer der Zusammensetzung von den angewandten Brenntemperaturen ab, deshalb sind die optimalen Brenntemperaturen für ein maximales Blähen zu ermitteln. Notwendige Angaben sind:

Bestimmung des Blähkoeffizienten,
der Dichte des Porensinters im Stück (in kg/m^3) sowie
der angenäherten Schüttdichte.

Dazu ist der mehrfache Brand des Ausgangsmaterials, sowohl nach Zugabe verschiedener Zusätze als auch bei unterschiedlicher Feuchtigkeit und verschiedenen Temperaturen, vorzunehmen. Die näherungsweise Bestimmung der Schüttdichte erfolgt durch Multiplikation der Rohdichte mit dem Faktor 0,6.

2. Chemische Analysen, wobei SiO_2, Al_2O_3, Fe_2O_3, CaO, MgO, Na_2O, K_2O, SO_3, $S_{ges.}$ und die Gehalte an organischen Substanzen bestimmt werden. Außerdem ist besonders auf die Gehalte an Karbonaten und freiem Quarz in den Tonen zu achten.

3. Als zusätzliche Untersuchungen empfehlen sich zur Ergänzung:

3.1. die Bestimmung der Festigkeit (Druckfestigkeit bzw. des Druckzertrümmerungsgrades) der Granalien erfolgt infolge der notwendigen Materialmenge allgemein erst nach Abschluß der Untersuchungen und des notwendigen halbtechnischen Versuchs;

3.2. Prüfung auf Frostbeständigkeit;

3.3. Prüfung auf Hydrationsfestigkeit gegenüber CaO. Diese Prüfung macht sich erforderlich, wenn die untersuchten Tone Kalk enthalten;

3.4. halbtechnische Versuche zur Ermittlung technologischer Parameter. Sie werden allgemein erst im Stadium der Erkundung in direkter Zusammenarbeit bzw. nach Absprache mit dem späteren Nutzer durchgeführt.

Von der Bemusterung (bzw. den zusätzlichen Untersuchungen) auszunehmen sind nur Tone, die nach ihrer Zusammensetzung ganz erheblich von den für Porensinter-Tonen angegebenen Parametern abweichen. Das gilt für stark sandige, karbonatische sowie feuerfeste (kaolinitische) Tone. Nach SYROMJATNIKOW (1966) werden dafür folgende Werte genannt:

Anteil der Teilchen $<10\ \mu m$	$<30\%$
SiO_2	$>78\%$
Al_2O_3	$<8\%$
Fe_2O_3	$<3,5\%$
CO_2 (Karbonate)	$>6\%$
organische Substanzen	$>5\%$

Außerdem gilt das auch für alle durch klastische Komponenten stark verunreinigten Tone (z. B. durch Konkretionen Gipskristalle, Pyrit, Siderit, Phosphorit und besonders von Kalken — „Lößkindl"), aber auch durch größere Faunenreste, die zur Herstellung von Porensinter nicht geeignet sind.

Allgemeine Schlußfolgerungen für die Prognose und Suche

Die geologischen Arbeiten bei der Prognose und Suche von Porensinter-Rohstoffen sind nach Möglichkeit aus ökonomischen Gründen auf den Nachweis von Lagerstätten zu orientieren, die nach ihrer Qualität und den vorhandenen Vorräten (>1 Mill. t) die Herstellung von Porensinter ohne Verwendung von Zusätzen mit einer Schüttdichte von $<550\ kg/m^3$ ermöglichen.

Fehlen geeignete Tone bzw. andersartige Rohstoffe, um die vorgenannten Bedingungen zu erfüllen, so ist in jedem einzelnen konkreten Falle auf der Grundlage geologisch-ökonomischer Berechnungen zu entscheiden, ob es an dem betreffenden Orte ökonomisch vertretbar und zweckmäßig ist, auf ausreichend vorhandene örtliche Tone minderer Qualität unter Zugabe blähender Zusätze zurückzugreifen oder hochwertige Tone aus weiter entfernten Gebieten heranzuschaffen. In diesem Zusammenhang soll noch darauf hingewiesen werden, daß es infolge des großen Volumens von Leichtzuschlagstoffen und der hohen Transportkosten zweckmäßig ist, bei der Suche jeweils vom künftigen Verbrauchszentrum auszugehen, da aus den genannten Gründen Porensinterwerke generell am Bedarfsort errichtet werden.

Zusammenfassend ergeben sich für die Prognose und Suche natürlicher Rohstoffe zur Herstellung von Leichtzuschlagstoffen in der DDR einige vorläufige Schlußfolgerungen, die nachstehende Aussagen gestatten:

1. Marine Tone geeigneter mineralogischer Zusammensetzung sind bisher aus dem Lias im Norden der DDR bekannt, wo sie als Rohstoff des Porensinterwerkes Grimmen abgebaut und verarbeitet werden. Die weitere Verfolgung dieser und anderer mesozoischer Tone zur Herstellung von Leichtzuschlagstoffen steht noch aus. Der Nachweis weiterer Vorkommen erscheint wahrscheinlich.

Weitere marine Tone sind aus verschiedenen Teilen des Tertiärs bekannt, so u. a. aus dem Oligozän („Septarientone" des Rupel), und werden auf ihre Eignung untersucht. In diesem Zusammenhang ist besonders auch auf die in den Braunkohlentagebauen aufgeschlossenen Tone der Deckgebirgsschichten zu achten.

2. Von den verfestigten marinen Tongesteinen (Tonschiefern, Phylliten und Schiefertonen) werden z. Z. die paläozoischen Tonschiefer aus dem Unterkarbon zur Herstellung von Blähschiefer in Unterloquitz genutzt, während andere, so z. B. die ordovizischen Lederschiefer Ostthüringens, ihre Eignung zur Erzeugung von Blähschiefern erkennen ließen. Mit der Existenz weiterer Vorkommen ist auch in den schwach metamorphen Teilen aus der Umgebung des Erzgebirges, dem Thüringischen Schiefergebirge, aber auch dem Harz zu rechnen.

3. Von den limnischen Tonen haben nach ihrer Zusammensetzung und den Vorräten besonders die glazialen Beckentone größere Bedeutung, die vorwiegend in den Urstromtälern Mittel- und Norddeutschlands in größeren Mächtigkeiten lagern. Vorläufige Untersuchungsergebnisse lassen die Eignung der sandärmeren Partien zur Herstellung von Porensinter erwarten.

4. Als weiterer Rohstoff müssen die vorwiegend im Süden der DDR in größeren Mächtigkeiten anstehenden Löß- und Lößlehme betrachtet werden, die bei weitgehender Verwendung von Zusätzen — wie in anderen Ländern — die Herstellung von Porensinter gestatten.

5. Schließlich soll noch an verschiedene Rohstoffe für die Erzeugung von Leichtzuschlagstoffen erinnert werden, die direkt oder indirekt mit vulkanischen Bildungen in Verbindung stehen. Hierzu gehören bei den Vorkommen saurer Vulkanite die Bildungen blähender vulkanischer Gläser, wie die sächsischen Pechsteine und einzelne Varietäten von Porphyren, während bei den basischen Vulkaniten vor allem die Verwitterungsprodukte von Tuffen und Tuffiten, die in Form bentonitischer Verwitterungskrusten vorkommen, Rohstoffe für die Erzeugung hochwertiger Leichtzuschlagstoffe ergeben können. Die Hauptverbreitungsgebiete befinden sich im Süden der DDR, wo sie sich in der Lausitz und der Rhön konzentrieren.

6. Untergeordnete Bedeutung besitzen darüber hinaus die aus verschiedenen Teilen der DDR bekannten diatomeenführenden Ablagerungen (z. B. aus dem Holstein-Interglazial), deren Verwendung zur Herstellung von Porensinter mit außerordentlich hoher Festigkeit führen kann.

Abschließend einige allgemeine Hinweise für die Durchführung der notwendigen Arbeiten. Es ist zweckmäßig, bei der Prognose und Suche von Rohstoffen zur Erzeugung von Leichtzuschlagstoffen nicht nur auf die Blähfähigkeit der angetroffenen Rohstoffe in natürlichem Zustand zu achten, sondern es ist bei ausreichender Vorratslage und günstigem Standort von vornherein eine Veredlung der primären Rohstoffe (in wirtschaftlich vertretbarem Umfang) mit in die Betrachtungen einzubeziehen. In gleichem Umfang gilt das auch für die Verwendung verschiedener industrieller Rückstände (wie Aschen, Schlacken, Halden- und Verarbeitungsrückstände sowie nicht zuletzt für Schlämme aus bestimmten Aufbereitungen). Aus den genannten Gründen ist es aber notwendig, die verfahrenstechnischen und geologischen Untersuchungen parallel zueinander vorzunehmen, da beide einen untrennbaren Bestandteil der Prognose und Suche auf Porensinter-Rohstoffe darstellen.

Als notwendiger Ausgangspunkt für die Durchführung der genannten Arbeiten ergibt sich, daß prinzipiell geeignete Rohstoffe zur Herstellung von Porensinter in jeder größeren regionalen Einheit der DDR infolge der Vielzahl vorhandener geologischer und technischer Möglichkeiten zu erwarten sind. Allerdings ist der notwendige Aufwand zu ihrer Gewinnung und zur Herstellung der Leichtzuschlagstoffe, in Abhängigkeit von den natürlichen Voraussetzungen sowie dem Maß der erforderlichen Veredlung, sehr veränderlich. Ein gewisser, in jedem Falle unterschiedlich großer verfahrenstechnischer Aufwand zur Veredlung des Rohstoffes ist, besonders unter Berücksichtigung des die Effektivität und die Kosten von Leichtzuschlagstoffen stark belastenden Transportes, infolge der z. Z. recht ungleichmäßig verteilten wenigen Standorte zur Porensinter-Erzeugung in der DDR gegenüber den vielen Bauschwerpunkten notwendig.

Zusammenfassung

Ausgehend von einigen allgemeinen Grundlagen der Anwendung und der Eigenschaften von Porensinter werden die wichtigsten verfahrenstechnischen Parameter ihrer Herstellung erläutert. Darauf aufbauend ergeben sich die Anforderungen an geeignete Rohstoffe, die sich im wesentlichen auf die chemische Zusammensetzung, den mineralogischen Stoffbestand und die Korngrößenverteilung beziehen. Entsprechende Rohstoffe für die Herstellung von Porensinter können unter verschiedenen, voneinander z. T. sehr abweichenden Bildungsbedingungen, sowohl im exogenen als auch im endogenen Bereich, gebildet werden, aber auch in Form industrieller Rückstände auftreten und sind deshalb in erheblicher Vielfalt bekannt (wobei marinen Tonen nach Eignung und Vorräten der erste Platz zukommt).

Abschließend wird versucht, eine erste grobe Einschätzung des Vorkommens geeigneter natürlicher Rohstoffe auf dem Territorium der DDR zu geben. Es wird nachgewiesen, daß bei entsprechendem verfahrenstechnischem Aufwand in allen regionalen Einheiten (z. B. den Bezirken) der DDR die notwendigen Voraussetzungen zur Herstellung von Porensinter und damit zur Verkürzung der meist unverhältnismäßig langen und teuren Transportwege gegeben sind.

Резюме

Исходя из некоторых общих основных положений применения и свойств пористого агломерата, разъясняются важнейшие технологические параметры его изготовления. Основываясь на этом, выявляются требования к пригодному сырью, которые прежде всего касаются химического состава, минералогического содержания и гранулометрического состава. Соответствующее сырье для изготовления пористого агломерата может образоваться при различных, отчасти резко отличающихся друг от друга, условиях, как в экзогенных, так и в эндогенных участках, а также может встречаться в форме промышленных остатков и поэтому известно его значительное многообразие (причём морским глинам по степени пригодности и запасам отводится первое место).

В заключение делается попытка дать первую грубую оценку месторождений пригодного естественного сырья на территории ГДР. Доказывается, что при соответствующих технологических издержках, во всех региональных единицах (например, районах) ГДР имеются необходимые предпосылки для производства пористого агломерата и для сокращения в большинстве случаев непропорционально длинных и дорогих путей доставки.

Summary

The most important parameters of process engineering for the manufacture of porous sinter are discussed on some general bases of its uses and properties. Requirements to be satisfied by suitable raw materials are mentioned and mainly refer to the chemical and mineralogical composition and grain-size distribution. Raw materials for manufacturing porous sinter can be formed under very different conditions in part in both the exogenic and endogenic range, but also occur in the form of industrial residues. Therefore, a considerable variety of porous sinters is known (with the first place occupied by marine clays in conformity with their suitability and reserves).

Finally, an attempt is made to give an early rough estimate of the occurrence of suitable raw materials in the territory of the G. D. R. Provided process-engineering facilities are adequate, prerequisites necessary for manufacturing porous sinter are given in all regional units of the G. D. R. (for example in the districts). This means that transport distances, for the most part inadequately long and expensive, can be reduced.

Literatur

BERTOLDI, N. G.: Blähton und geblähte Produkte. – Euro-Ceramic, 12, 272–280 (1964).

BOLLER, E.: Die Staubbekämpfung im Porensinterwerk des VEB Vereinigte Thüringische Schiefergruben Unterloquitz. – Der Leichtzuschlagstoff, 2, 8, 6–9 (1966).

DECKER, H., & H. HOFFMANN: Die Schiefervorkommen des Wittmannsgereuther Gebietes und ihre Eignung zur Herstellung von Leichtzuschlagstoffen in der Rennanlage des VEB Maxhütte Unterwellenborn. – Der Leichtzuschlagstoff, 4, 1/2, 4–8 (1968).

DEGENS, E. T.: Geochemistry of sediments, a brief survey. – Prentice Hall, Inc., New Jersey 1965.

DENNERT, H.: Herstellung von Blähton nach dem Zirkulations-Strömungsverfahren. – Aufbereitungstechnik, 6, 314–318 (1966).

– Das Zirkulationsströmungsverfahren. – Der Leichtzuschlagstoff, 4, Sh., 29–30 (1968).

ELINSON, M. P., & S. N. WINOGRADOW: Zur Auswahl von Rohstoffen für die Herstellung von Keramsit-Granalien und Aggloporit. – Aus dem Sammelband: „Keramsit und Aggloporit als Baumaterial", Verl. Nedra, 27–33, Moskau 1966 [russ.].

FELLMER: Rationalisierungsmaßnahmen im Porensinterwerk des VEB Baustoffkombinat Grimmen. – Der Leichtzuschlagstoff, 3, 3/4, 15 bis 16 (1967).

GRIGOROWITSCH, M. B.: Mineralische Rohstoffe zur Herstellung von Keramsit und Aggloporit und ihre Ressourcen. – Aus dem Sammelband: „Keramsit und Aggloporit als Baumaterial", Verl. Nedra, 3–10, Moskau 1966 [russ.].

ONAZKIJ, S. P.: Theoretische Grundlagen des Blähens toniger Gesteine und die Produktion von Keramsit in der UdSSR. – Vortrag auf dem Symposium „O lehkých plnivech a lehkých betonech" in Karlovy Vary, 17.–19. 10. 1967 (russ.).

PERFILJEW, N. I.: Die Bildungsbedingungen von Lagerstätten der Keramsit-Rohstoffe. – Aus dem Sammelband: „Keramsit und Aggloporit als Baumaterial", Verl. Nedra, 11–16, Moskau 1966 (russ.).

POHLHARDT, J.: Untersuchungen der Ursachen des Blähens geeigneter Tone bei Wärmebehandlung. – Forsch.-Bericht des Instituts für angewandte Mineralogie, Dresden 1966, 81 S., 97 Anl. (unveröff.).

RILLEY, C. M.: Relation of the chemical properties of the bloating of clays. – Journ. Amer. Ceram. Soc., Vol. 34, 4, 121–128 (1951).

SOLOWJEWA, O. W.: Über die stoffliche Zusammensetzung und das Blähen von Tongesteinen. – Aus dem Sammelband: „Keramsit und Aggloporit als Baumaterial", Verl. Nedra, 17–26, Moskau 1966 (russ.).

SYROMJATNIKOW, W. A.: Suche und Erkundung von Tonen zur Keramsit-Herstellung. – Aus dem Sammelband: „Keramsit und Aggloporit als Baumaterial", Verl. Nedra, 11–16, Moskau 1966 (russ.).

ULBRICHT, W.: Die gesellschaftliche Entwicklung in der Deutschen Demokratischen Republik bis zur Vollendung des Sozialismus. – Rede auf dem VII. Parteitag der SED, 17.–22. 4. 1967.

WILSON, H. S.: The British Clayworker, 377–378 (1954).

Reflexionsseismische Messungen mit Transversalwellen zur Erkundung der Lagerungsverhältnisse im Vorfeld eines Braunkohlentagebaus

ULRICH PATZER & STEFFEN GRÄSSL, Leipzig

In immer größerem Umfang werden Transversalwellen hinsichtlich ihrer Verwendungsmöglichkeiten bei geologischen Erkundungsarbeiten untersucht (Sammelband, Verlag „Nedra“, Moskau). In der DDR konnten die ersten Erfahrungen mit Transversalwellen bei der seismischen Untersuchung der Lagerungsverhältnisse im Bereich einer Braunkohlenlagerstätte gesammelt werden. Zur Abschätzung der Einsatzmöglichkeiten der Seismik für derartige Aufgabenstellungen erfolgten zunächst in verschiedenen Braunkohlenfeldern Untersuchungen der vertikalen Geschwindigkeitsverteilung sowohl für *P*-Wellen als auch für *S*-Wellen (PATZER & GRÄSSL, in Vorbereitung, s. Lit.). Die Messungen wurden dabei mit Hilfe der umgekehrten seismischen Vertikalprofilierung ausgeführt, bei der die Wellenanregung durch das Zünden kleiner Ladungen im Bohrloch und der Empfang an der Erdoberfläche in drei Komponenten geschehen.

Da eine Bestimmung der als erste Einsätze auftretenden direkten *P*-Wellen von vornherein als sicher angesehen werden konnte, wurde besonderes Augenmerk auf eine bevorzugte *S*-Wellenerzeugung gelegt. Durch Verwendung kleinstmöglicher Ladungsmengen und Erzeugung einer Richtwirkung der abgestrahlten Energie konnten deutliche Einsätze der direkten *S*-Wellen erhalten werden. Die Ergebnisse wurden in Form eines vertikalen Laufzeitprofils dargestellt, das die Vertikallaufzeiten der korrelierbaren Einsätze als Funktion der Schußteufe enthält. Abb. 1 zeigt ein derartiges typisches Laufzeitprofil aus dem Vorfeld des Braunkohlentagebaus Schleenhain südlich Leipzig (siehe auch PATZER & GRÄSSL).

Es ist zu erkennen, daß die *P*-Wellengeschwindigkeit v_p außer dem markanten Sprung an der Basis der Langsamschicht in ca. 24 m Tiefe keine deutliche Differenzierung aufweist.

Für die *S*-Wellengeschwindigkeit v_s lassen sich deutlich mehrere Bereiche unterschiedlicher v_s-Werte ausgliedern. Der Flözkomplex weist mit 280 m/s die geringste Schichtgeschwindigkeit auf. Das Geschwindigkeitsverhältnis $\gamma = v_p/v_s$ erreicht im Mittel etwa den Wert 5, für Braunkohle liegt er bei 6,6. Bei den anderen im Laufzeitprofil dargestellten korrelierten Einsätzen, auf die in diesem Zusammenhang nicht näher eingegangen werden soll, handelt es sich um multiple, reflektierte bzw. Wechselwellen. In allen weiteren untersuchten Bohrungen auch anderer Meßgebiete ergaben sich prinzipiell ähnliche Gesetzmäßigkeiten in der vertikalen Geschwindigkeitsverteilung der *P*- und *S*-Wellen.

Eingang des Manuskripts in der Redaktion: 28. 11. 1968.
Vortrag, gehalten auf dem XIII. Internationalen Geophysikalischen Symposium vom 24.–27. 9. 1968 in Budapest.

Die erheblich stärkere Differenzierung von v_s gegenüber von v_p bedeutet, daß bei Anwendung der Transversalwellenmethode von einer größeren Anzahl von Schichtgrenzen Reflexionen zu erwarten sind. Besonders günstige Schallhärtesprünge für Transversalwellen treten an der Grenze Braunkohle/Nebengestein auf. Infolge der erheblich geringeren Geschwindigkeit und Dichte der Kohle gegenüber dem Nebengestein — die Dichte verringert sich um 30—40 Prozent — ergeben sich für *S*-Wellen Reflexionskoeffizienten von etwa 40 Prozent. Auf Grund der merklich geringeren Geschwindigkeit der *S*-Wellen im Verhältnis zu denen der *P*-Wellen läßt sich prinzipiell eine wesentlich größere Genauigkeit der Geschwindigkeitsbestimmung erreichen, und zwar sowohl bei bohrlochseismischen Untersuchungen als auch bei reflexionsseismischen Profiluntersuchungen. Namentlich durch die genauere Bestimmbarkeit von v_s aus den Reflexionshyperbeln wird eine sicherere Erfassung horizontaler Geschwindigkeitsänderungen bei Verwendung reflektierter *S*- anstelle *P*-Wellen ermöglicht.

Des weiteren dürfte bei einer Erkundung mit *S*-Wellen eine weitaus größere Genauigkeit der Tiefenbestimmung reflektierender Schichtgrenzen erreichbar sein.

Für das Auflösungsvermögen ergeben sich, obwohl die vorherrschenden Frequenzen von *S*-Wellen im allgemeinen geringer sind als die entsprechender *P*-Wellen, ebenfalls günstigere Verhältnisse. Es sei in diesem Zusammenhang darauf hingewiesen, daß sich das Geschwindigkeitsverhältnis mit zunehmender Teufenlage der Schichten deutlich verringert. So konnte beispielsweise durch Ultraschallmessungen an wassergesättigten Sandproben nachgewiesen werden, daß sich der γ-Wert bei Vergrößerung der Belastung von 1 t auf 3 t von $\gamma = 6{,}5$ auf $\gamma = 3{,}5$ verringert. Zum anderen ergaben Auswertungen fotografischer Registrierungen von Akustiklogmessungen z. B. für in ca. 2000 m Teufe lagernden Hauptdolomit γ-Werte von 1,8—1,9.

Das Zentralproblem bei praktischen Messungen mit der *S*-Wellen-Methode besteht in einer sauberen Anregung hinreichend intensiver *S*-Wellen. Dem Untergrund muß durch eine gerichtete Anregung eine bevorzugte Schwingungsrichtung aufgeprägt werden. Diese notwendige gerichtete Anregung führt dazu, daß bei einer Umkehr der Anregungsrichtung auch die auf dem Seismogramm erscheinenden Transversalwellen eine Phaseninversion erfahren. Diese Erscheinung stellt das wichtigste Kriterium zur Identifizierung von *S*-Wellen dar.

Bei einer derartigen Anregung werden auf Grund vorhandener Inhomogenitäten nahe der Quelle und nicht

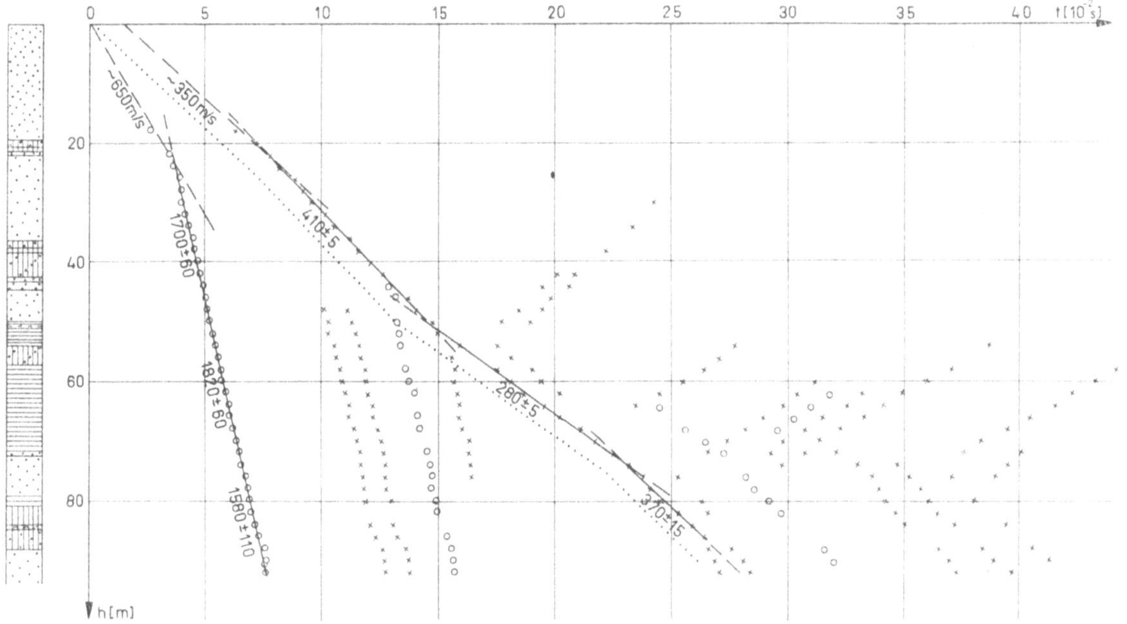

Abb. 1. Vertikales Laufzeitprofil aus dem Vorfeld eines Braunkohlentagebaus
× – Komponente X, ○ – Komponente Z

ideal elastischer Eigenschaften der Gesteine sowie der schwer realisierbaren idealen Richtwirkung der Anregungsquelle stets noch andere, störende Wellen (z. B. P-Wellen) erzeugt, die nicht die Eigenschaft der Phaseninversion bei einer Umkehrung der Anregungsrichtung besitzen. Derartige Störwellen lassen sich durch Subtraktion zweier am gleichen Schußpunkt mit entgegengesetzt gerichteter Anregung registrierter Einzelseismogramme eliminieren. Dieses durch Subtraktionsstapelung entstandene Seismogramm wird im allgemeinen als Differenzseismogramm bezeichnet. Mit Hilfe eines durch entsprechende Additionsstapelung gewonnenen Summenseismogramms kann der Anteil der Wellen ohne Phaseninversion abgeschätzt werden.

Zur gerichteten Anregung von S-Wellen bei den später beschriebenen Feldmessungen wurde folgendes Verfahren (in GRÄSSL & PATZER ausführlich behandelt) benutzt: An die sorgfältig geglättete vertikale Wand eines Schurfes wurde eine Spezialstahlplatte mit konzentrisch eingefrästen Rillen angebracht. Diese Rillen dienten zum Einlegen von Sprengschnur, die zur besseren Haftung noch mit feuchter Erde verschmiert war. Um den Wirkungsbereich der bei der Detonation entstehenden Stoßwellen nur auf die sogenannte „Arbeitsfläche" des Schurfes zu beschränken, wurde das Schurfloch vor der Sprengung mit lockerem, stark absorbierendem Boden aufgefüllt.

Damit bei diesem Verfahren neben einer guten Richtwirkung (und damit einer hinreichend sauberen S-Wellenabstrahlung) eine größtmögliche Energieübertragung gewährleistet werden kann, erfolgten spezielle Untersuchungen über die optimalen Anregungsparameter durch quantitative Bestimmung des Richtwirkungskoeffizienten dieser Quelle. Als günstige Anregungstiefe ergab sich ein Wert von 1 m. Weiterhin konnte festgestellt werden, daß für alle untersuchten Plattengrößen ein gemeinsamer Optimalwert existiert, wenn die verwendete Sprengstoffmenge auf die Größe der Anregungsfläche bezogen wird. Dieser Optimalwert liegt bei 7 m Sprengschnur pro m^2 Anregungsfläche.

Abb. 2 zeigt im oberen Teil zwei Einzelseismogramme, die entgegengesetzten Anregungsrichtungen am gleichen Schußpunkt entsprechen. Das geringe Amplitudenniveau des Summenseismogramms belegt, daß bei dieser Anregung tatsächlich fast ausschließlich Transversalwellen erzeugt werden. Das ist auch der Grund dafür, daß auf dem Differenzseismogramm keine wesentliche Qualitätsverbesserung mehr festzustellen ist.

Die praktischen Profilmessungen erfolgten im Vorfeld des Braunkohlentagebaus Schleenhain, in dem auch die Geschwindigkeitsverteilung und die optimalen Anregungsparameter untersucht worden waren.

Als Beobachtungsschema wurde YY gewählt, das bedeutet Anregung und Aufnahme in der Horizontalkomponente senkrecht zum Beobachtungsprofil.

Zur Anregung wurden stets zwei jeweils mit der optimalen Ladungsmenge von 1,4 m Sprengschnur belegte Stahlplatten mit 50 cm Durchmesser verwendet.

Die Anregung erfolgte an jedem Schußpunkt in den beiden entgegengesetzten Richtungen $+Y$ und $-Y$.

Der Schußpunktabstand betrug 55 m. Die Vermessung geschah mit Zentralaufstellungen bei 5facher Bündelung von Geophonen des Typs SPM—16. Zur Registrierung wurde eine im VEB Geophysik Leipzig entwickelte 24spurige Transistorfeldapparatur Rx 24 TA mit Magnetbandzusatzgerät verwendet; die Aufnahme erfolgte mit Programmregelung und ARA, bei offenen Filtern und ohne Mischung.

Die Feldmagnetogramme wurden auf einer französischen Auswertezentrale CS 621 dynamisch korrigiert und einer Subtraktionsstapelung unterworfen. Abb. 3 enthält den Zeitschnitt eines vermessenen Profilstücks. Es zeigt sich, daß durch die Subtraktionsstapelung nicht alle Störwellenanteile beseitigt werden können.

Deutlich ist eine auf allen Aufstellungen mit mehr oder weniger starker Intensität auftretende Oberflächenwelle erkennbar. Ihre Phasengeschwindigkeit liegt unter 300 m/s, die Frequenz beträgt ca. 20 Hz.

Durch starke Mischung läßt sich der Einfluß dieser Störwelle erheblich vermindern. Abb. 4 zeigt den Zeitschnitt eines vermessenen Profils in Flächenschrift. Die entsprechende Abspielung erfolgte mit 100prozentiger Mischung über fünf Spuren, bei offenen Filtern und ohne Regelung.

Die Korrelation der Reflexionseinsätze weist teilweise erhebliche Unsicherheiten auf. Die Ursachen hierfür sind in folgendem zu suchen:

1. Durch den komplizierten geologischen Aufbau der tertiären Schichtenfolge und den geringen Abstand zahlreicher seismisch wirksamer Schichtgrenzen herrscht allgemein ein recht kompliziertes, mit zahlreichen Interferenzen durchsetztes Schwingungsbild vor.

2. Die vor allem im Hangenden der Flöze teilweise feststellbaren rasch veränderlichen Intensitäten der Reflexionen sind u. a. durch Änderungen der Mächtigkeiten und der lithologischen Zusammensetzung dünner Schichten bedingt.

3. Durch den Einfluß der sehr energiestarken Oberflächenwellen treten im schußpunktfernen Bereich Korrelationsunterbrechungen auf.

4. Auf Grund des relativ großen Reflexionskoeffizienten an den Grenzen Kohle/Nebengestein sind verschiedene Typen relativ starker multipler Reflexionen zu erwarten, die durch ihre Überlagerung mit den Nutzreflexionen größerer Laufzeit das Schwingungsbild zusätzlich komplizieren.

Durch die Anschlußmöglichkeit der verfolgten Horizonte an die zahlreichen Erkundungsbohrungen konnte die Richtigkeit der Korrelation ständig überprüft werden. Die vorherrschenden Frequenzen der Transversalwellenreflexionen aus der tertiären Schichtenfolge liegen bei 40 bis 45 Hz.

Durch Anschluß an die einzelnen Bohrungen ergab sich folgende stratigraphische Zuordnung der einzelnen

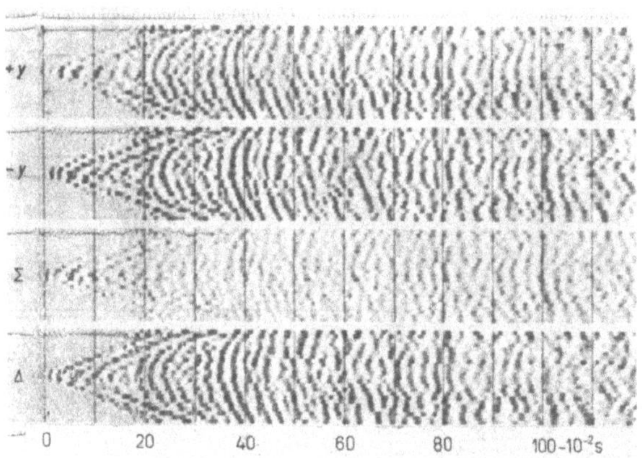

Abb. 2. Überprüfung der Anregungsgüte am Schußpunkt 10 des in Abb. 4 und 5 dargestellten Profils
Einzelseismogramme — ($+Y$ und $-Y$),
Summenseismogramm — (Σ),
Differenzseismogramm — (Δ)

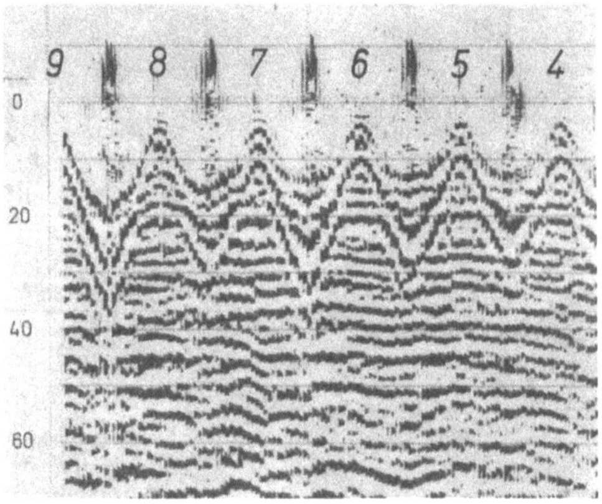

Abb. 3. Zeitschnitt eines Profilstücks in Flächenschrift (ohne Filterung und Mischung)

Reflexionshorizonte: Die mit T bezeichneten Horizonte schließen an verschiedene durch Bohrungen ausgewiesene Toneinlagerungen an. Erschwerend auf die Korrelation besonders dieser Horizonte wirkt sich in schußpunktfernen Bereichen die Oberflächenwelle aus, deren Einfluß selbst durch die starke Mischung der Spuren nicht vollständig verschwindet. Die mit B bezeichneten Horizonte wurden verschiedenen Schichtgrenzen im Flözbereich zugeordnet. So entspricht z. B. der als markanter Schwingungszug im gesamten Meßgebiet am sichersten verfolgbare Leithorizont B_3 der Oberkante des obersten Kohleflözes. Die an verschiedene andere Grenzen zwischen Kohle und Nebengestein anschließenden Reflexionshorizonte mit größerer Laufzeit als B_3 weisen mehr oder weniger ausgedehnte Korrelationsunterbrechungen auf. Der bei der Konstruktion der Tiefenprofile verwendete allgemeine Geschwindigkeitsansatz basiert auf der in drei Bohrungen ermittelten Geschwindigkeitsverteilung:

0	20 m	320 m/s
20 m	Oberkante Flöz III	420 m/s
Oberkante Flöz III .	Unterkante Flöz II	280 m/s
Unterkante Flöz II .	100 m	370 m/s
ab 100 m		440 m/s

Für die Geschwindigkeit in Tiefen über 100 m standen keine bohrlochseismischen Angaben zur Verfügung. Der angesetzte Wert berücksichtigt eine teufenbedingte Zunahme der S-Wellengeschwindigkeit.

Für die zur Konstruktion der Tiefenprofile benötigte Phasenkorrektur (Zeitdifferenz zwischen wahrem Einsatzpunkt und korreliertem Extremum des Schwingungszuges) konnte der in der normalen (P-Wellen-) Reflexionsseismik gebräuchliche Wert von 30 ms nicht schematisch übernommen werden.

Bei der Bestimmung der bei der seismischen Braunkohlenerkundung zu verwendenden Phasenkorrektur wurde von folgender Überlegung ausgegangen:

Da als erster ausgeprägter Schallhärtesprung im Kohlefeld Schleenhain nur die Hangendgrenze von Flöz III in Frage kommt, ist als erster markanter Schwingungszug im entsprechenden Laufzeitbereich eine Reflexion von dieser Schichtgrenze zu erwarten.

Der Anschluß des korrelierten energiestarken Maximums an das in Abb. 1 dargestellte Geschwindigkeitsprofil ergab einen Korrekturbetrag von rund 40 ms.

Dieser Wert wurde einheitlich bei der Konstruktion aller im Tiefenprofil dargestellten Reflexionshorizonte berücksichtigt. Geringfügige Abweichungen von diesem empirisch bestimmten Näherungswert sind möglich. Die Abb. 5 enthält das entsprechende nach der Tangentenmethode konstruierte Tiefenprofil.

Das Deckgebirge der Kohle besteht im Meßgebiet aus einer unregelmäßigen Wechsellagerung von Sanden und Tonen, dem sogenannten Haselbacher Komplex.

Die im allgemeinen nur über kurze Erstreckungen verfolgbaren Reflexionen von Tonhorizonten aus dem Hangenden der Kohle belegen, daß die einzelnen erbohrten Tone im Deckgebirge tatsächlich nur linsenförmige Einlagerungen relativ geringer horizontaler Erstreckung darstellen.

Lediglich im Bereich der größten Flözabsenkung lassen sich die in den Bohrungen B und C im Hangenden von Flöz III erbohrten Tone durch den Reflexionshorizont T_4 bei teilweise sehr guter Reflexionsqualität miteinander verbinden.

Demgegenüber konnte der Leithorizont B_3 fast auf dem ganzen Tiefenprofil mit guter, teils sehr guter Reflexionsqualität erfaßt werden.

Die tieferliegenden Horizonte weisen bei steigender Anzahl der darüberliegenden seismischen Grenzen mit ausgeprägtem Schallhärtesprung der Grenzen Kohle/Nebengestein eine zunehmende Verschlechterung der Reflexionsqualität auf. Die in den Tiefenprofilen nicht bezeichneten Horizonte wurden keiner geologischen Schichtgrenze zugeordnet. Es ist möglich, daß sie nicht in jedem Fall einen separaten Reflexionshorizont repräsentieren. So ist z. B. schwierig zu entscheiden, ob der unmittelbar unter dem Leithorizont B_3 gelegene Reflexionshorizont der Unterkante von Flöz III entspricht oder eine Nachphase des Schwingungszuges B_3 darstellt.

Auf dem Tiefenprofil tritt zwischen den Bohrungen D und E eine nach den Unterlagen des 200-m-Bohrnetzes nicht feststellbare Hochlage des gesamten Flözkomplexes mit etwa 5-m-Amplitude auf. Im westlich anschließenden Abschnitt läßt sich im Tiefenprofil eine durch die Erkundungsbohrungen festgestellte deutlich ausgeprägte Flözabsenkung bestätigen. Das Muldentiefste ist nach dem seismischen Tiefenprofil etwa 50 m östlich der Bohrung B im Bereich des Schußpunkts 11 zu erwarten.

Zur besseren Ausschöpfung des Informationsgehalts der seismischen Registrierung wurde versucht, eine Bestimmung der Mächtigkeit des oberen Kohleflözes an Hand der Spektralcharakteristik seiner Reflexionseinsätze vorzunehmen.

Bei geringer Mächtigkeit zwischen dem oberen Flöz III und dem Hauptflöz II stellen die Einsätze von diesen seismischen Grenzen ein breites Schwingungsband dar, in dem die Ausgliederung separater Einsätze nicht möglich ist. Die Spektralcharakteristiken dieser Schwingungszüge, die sich aus mindestens drei Einzelimpulsen zusammensetzen, zeigten ein sehr kompliziertes Verhalten und gestatteten keine quantitativen Aussagen. Günstige Verhältnisse ergaben sich in den übermessenen Profilabschnitten, wo sich der zu untersuchende Schwingungszug nur aus zwei an einem dünnen Kohleflöz reflektierten Wellen zusammensetzt.

Abb. 6 zeigt ein Beispiel eines derartigen Amplitudenspektrums, nach dem sich eine Flözmächtigkeit von 3 m berechnen ließ. Das erbohrte Schichtenprofil hatte

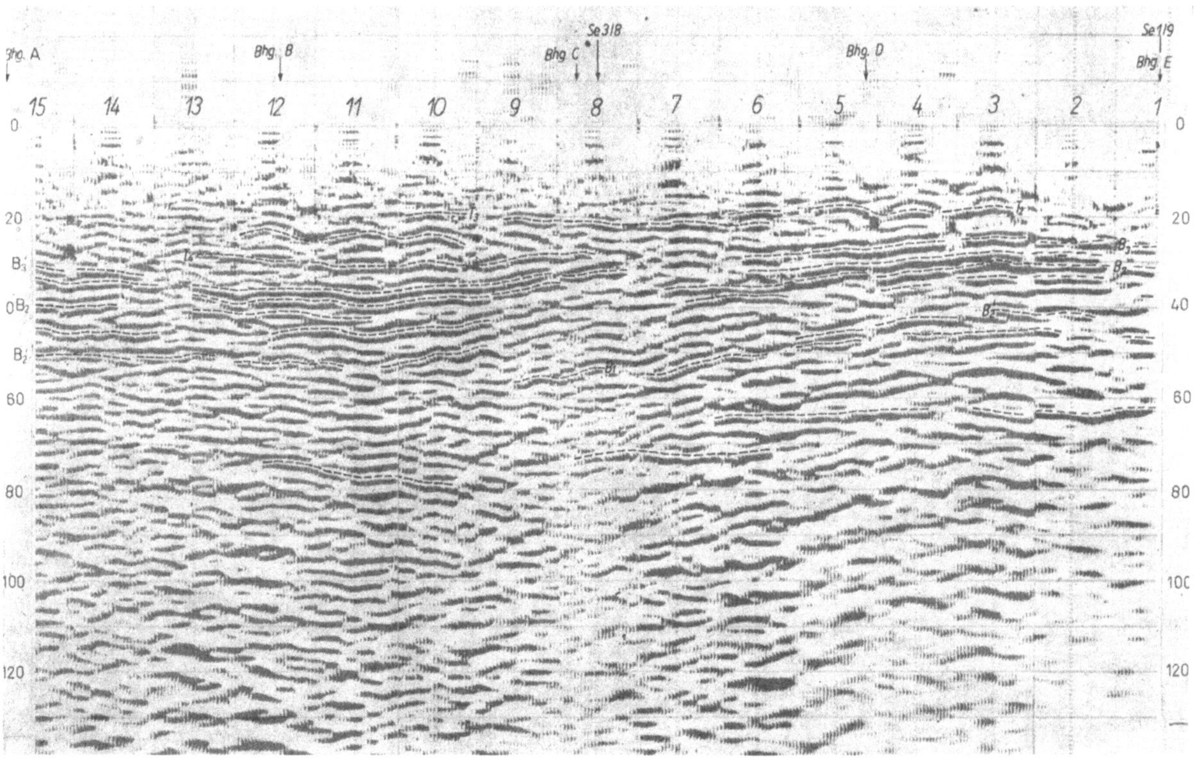

Abb. 4. Zeitschnitt eines Profils in Flächenschrift

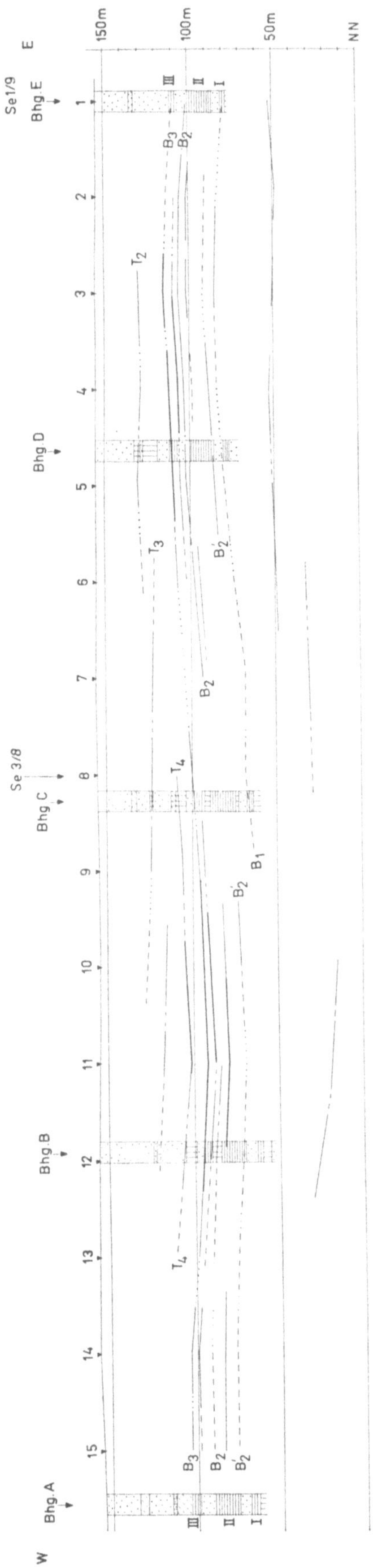

Abb. 5. Seismisches Tiefenprofil nach dem in Abb. 4 dargestellten Zeitschnitt

an dieser Stelle eine Flözmächtigkeit von 3,1 m ausgewiesen.

Abschließend sollen einige Angaben über die bei diesen Messungen erreichte Genauigkeit der Teufenbestimmung gemacht werden. Die verschiedenen Toneinlagerungen zugeordneten Reflexionshorizonte lassen sich bei maximalen Abweichungen von 1—2 m den Ober- oder Unterkanten der erbohrten Tone zuordnen. Da bei diesen meist sehr geringmächtigen Tonhorizonten nicht verläßlich anzugeben ist, ob die korrelierten Phasen den Ober- oder Unterkanten entsprechen, erfolgte hierfür keine Bestimmung der mittleren Abweichungen. Beim Anschluß des Leithorizonts B_3 an die durch die Bohrungen ermittelten Teufen der Oberkante von Flöz III treten maximale Abweichungen von 1 m auf. Für die übrigen Horizonte aus dem Flözbereich ergaben sich, wenn berücksichtigt wird, daß die Reflexionshorizonte B_2 und B'_2 jeweils 2 m über den ihnen zugeordneten stratigraphischen Grenzen liegen, maximale Abweichungen von 2 m.

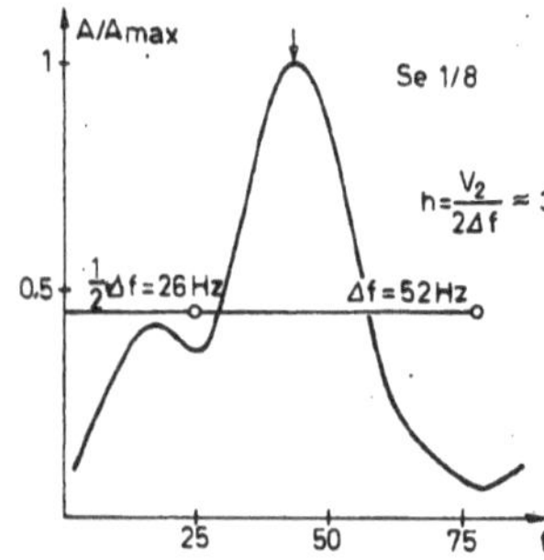

Abb. 6. Flözmächtigkeitsbestimmung an Hand der Spektralcharakteristik

Der relative Fehler in der Teufenbestimmung der den Flözbegrenzungen entsprechenden seismischen Horizonte beträgt, bei Mittelung über 20 verfügbare Anschlußwerte, knapp 2 Prozent.

Die hier vorgelegten Ergebnisse von Versuchsmessungen im Vorfeld eines Braunkohlentagebaus zeigen, daß reflektierte Transversalwellen erfolgreich zur Klärung der Lagerungsverhältnisse eingesetzt werden können. Die Verwendung der hier benutzten Methodik auch bei anderen, z. B. hydrogeologischen Erkundungsaufgaben im Lockersedimentbereich erscheint aussichtsreich. Darüber hinaus dürften die hier gewonnenen Erfahrungen bei der Verwendung von Transversalwellen für erdölgeologische Probleme ebenfalls von Bedeutung sein.

Die hier beschriebenen Untersuchungen wurden im VEB Geophysik als Vertragsforschung durchgeführt. Für die Genehmigung zur Veröffentlichung der Ergebnisse sei dem Auftraggeber, dem Zentralen Geologischen Institut, Berlin, an dieser Stelle gedankt.

Zusammenfassung

An Hand der vertikalen Geschwindigkeitsverteilung für P- und S-Wellen werden die Vorteile der Transversalwellenmethode bei der seismischen Erkundung in Lockersedimenten diskutiert. Die Problematik bei Erkundungsarbeiten mit Transversalwellen wird am Beispiel von erstmals in der DDR ausgeführten reflexionsseismischen Profilmessungen über einer Braunkohlenlagerstätte erläutert. In diesem Zusammenhang wird u. a. ein spezielles Verfahren zur Schußanregung von S-Wellen beschrieben sowie auf einige dynamische Besonderheiten der Transversalwellen und die erreichte Genauigkeit eingegangen.

Резюме

На основе вертикального распределения скоростей P- и S-волн обсуждаются преимущества метода поперечных волн при сейсмической разведке в терригенных осадках. Проблематика при разведочных работах с поперечными волнами рассматривается на примере впервые проведённых в ГДР сейсмических профильных съемок МОВ на буроугольном месторождении. В этой связи описывается м. пр. особый метод возбуждения взрывами S-волн, а также идет речь о динамических особенностях поперечных волн и о достигнутой точности.

Summary

Advantages presented by the use of transverse waves in the seismic exploration in loose sediments are discussed in the light of the vertical velocity distribution for P and S waves. The problematic character of exploratory works using transverse waves is illustrated by reflection-seismic profile measurements carried out for the first time in the G. D. R. above a brown-coal deposit. In this regard, a special method for the shot incitement by S waves is described and some dynamic peculiarities of transverse waves as well as the accuracy obtained are discussed.

Literatur

GRÄSSL, S., & U. PATZER: Zum Problem der Energieanregung bei seismischen Untersuchungen mit Transversalwellen. – Geophysik und Geologie, Folge 14, Teubner Verlagsges. Leipzig (im Druck).
PATZER, U., & S. GRÄSSL: Möglichkeiten der seismischen Erkundung von Braunkohlenlagerstätten. – Sammelband „Geophysik in der Braunkohlenerkundung". – Wiss.-Techn. Inform.-Dienst, Zentr. Geol. Inst., Berlin (in Vorbereit.).
Sammelband: Poperečnye i obmennye volny v sejsmorazvedke. – Verlag Nedra, Moskau 1967.

Abstandsermittlungen netzförmig angeordneter Brunnengruppen und Einzelbrunnen bei Tagebauentwässerungen

LOTHAR RICHTER, Berlin

1. Einleitung

Die nachfolgend erläuterten Berechnungsverfahren werden nach praktischen Gesichtspunkten dargestellt.

Generell können mit (quadrat-)netzförmig angeordneten Filtern oder Filtergruppen günstigere Entwässerungseffekte erzielt werden als mit parallelen Filterreihen. Bei Abstandsermittlungen von Filtern wird man jedoch auch häufig auf Verfahren zurückgreifen müssen, mit denen Abstände von parallelen Filterreihen ermittelt werden können, da für die endgültige Festlegung der Fassungselemente nicht in jedem Fall allein die hydrogeologischen Verhältnisse ausschlaggebend, sondern auch technologische und ökonomische Faktoren zu beachten sind.

Die Berechnungsmethoden zur Ermittlung von Abständen parallel angeordneter Fassungselemente (RICHTER 1968) sowie die nachfolgend dargestellten Verfahren über Abstandsermittlungen netzförmig angeordneter Filter ergänzen sich in der hydrogeologisch-entwässerungstechnischen Projektierung des Braunkohlenbergbaus gleichermaßen.

Da bereits die grundlegenden hydrogeologischen Gleichungen für radiale Grundwasserfassungsanlagen als bekannt vorausgesetzt werden dürfen (RICHTER 1968), erübrigt sich eine nochmalige Darstellung der allgemeinen Berechnungsgrundlagen. Zum Verständnis der nachfolgenden Abhandlungen sei auf die in der Literatur angegebenen Veröffentlichungen verwiesen.

2. Allgemeine Betrachtungen und Festlegungen

Prinzipiell gelten ebenfalls die für die parallelen Entwässerungssysteme genannten Festlegungen (RICHTER 1968). Es werden (quadrat-)netzförmig angeordnete Brunnengruppen und Einzelbrunnen (Filter) betrachtet bzw. Entwässerungssysteme, die auf eine (quadrat-)netzförmige Anordnung zurückzuführen sind.

Die Berechnungsmethoden sollen wiederum für den ungesteuerten und den gesteuerten Absenkungsvorgang erläutert werden (RICHTER 1968).

Bei der Berechnung des Grundwasserabsenkungsvorganges (Vorfeldentwässerung) sind folgende hydrogeologisch-grundwasserhaushaltliche Verhältnisse zu berücksichtigen:

a) Die Entnahmemengen resultieren ausschließlich aus den statischen Grundwasservorratsmengen.

b) Die Entnahmemengen resultieren aus den statischen Grundwasservorratsmengen und der vertikalen Zusickerung (versickerndes Niederschlagswasser), die innerhalb des Entnahmebereichs vorhanden ist.

Unter Berücksichtigung dieser grundwasserhaushaltlichen Verhältnisse lassen sich die für die Abstandsermittlungen erforderlichen bekannten hydrogeologischen Gleichungen der Berechnungsfälle I und IIa ableiten (SIEMON 1958, RICHTER 1968).

Wird vorausgesetzt, daß sich die einzelnen Fassungsgruppen bzw. Einzelbrunnen gleichermaßen beeinflussen und eine Überlagerung der Spiegelflächen in der Art auftritt, daß sich zwischen den Entnahmebereichen (bzw. -punkten) Kulminationslinien herausbilden, können die Berechnungen jeweils für einen herausgelösten „Entwässerungsquader" durchgeführt werden (Abb. 1). Die vollkommene Abriegelung der Grundwasserzuflüsse soll als wichtigste Randbedingung nochmals hervorgehoben werden (RICHTER 1968). Die sich ausbildende Absenkungsreichweite reicht bis zur Kulminationslinie und bleibt mit fortschreitender Absenkung konstant.

3. Hydrogeologische Gleichungen

Wie einleitend hervorgehoben, werden die allgemeinen Berechnungsgrundlagen als bekannt vorausgesetzt (RICHTER 1968).

3.1. Entnahme- und Spiegelgleichungen

Als Übersicht seien die bekannten Spiegelgleichungen gegeben (SIEMON 1958, RICHTER 1968):

$$y^2 = \frac{1}{\pi k_f} \cdot \left(c_1 \cdot \ln \frac{x}{r_0} \pm c_2 \cdot \frac{x^2 - r_0^2}{2} \pm c_3 \cdot \frac{x^3 - r_0^3}{3} \right) + h_0^2 \qquad (1)$$

Eingang des Manuskripts in der Redaktion: 1. 7. 1968.

und

$$y^2 = H^2 - \frac{1}{\pi k_f} \cdot \left(c_1 \cdot \ln \frac{R_x}{x} \pm c_2 \cdot \frac{R_x^2 - x^2}{2} \pm c_3 \cdot \frac{R_x^3 - x^3}{3}\right) \quad (2)$$

Die Entnahmegleichung für Q ergibt sich im 1. Fall für die Bedingungen $y = H$ und $x = R_x$ und im 2. Fall für $y = h_0$ und $x = r_0$. Die Größen c_1, c_2 und c_3 werden entsprechend den grundwasserhaushaltlichen Bedingungen festgelegt (SIEMON 1958, RICHTER 1968) und in die Beziehungen (1) und (2) eingesetzt.

In diesem Zusammenhang sei bemerkt, daß von RICHTER die Entnahmebedingungen aus dem statischen Grundwasservorrat für die Stadien 1 und 3 gegenüber SIEMON präzisiert und teilweise neu festgelegt wurden, so daß es sich empfiehlt, mit diesen Beiwerten zu rechnen.

Die Formeln (1) und (2) sowie die entsprechenden Entnahmegleichungen besitzen gleichermaßen Gültigkeit sowohl für radial angeordnete Mehrbrunnenanlagen als auch für Einzelbrunnen. Bei der Anwendung der Gleichungen für Einzelbrunnen können die Glieder in den Gleichungen mit r_0 vernachlässigt werden. Dadurch ergeben sich für Einzelbrunnen gegenüber den Mehrbrunnenanlagen wesentlich einfachere Beziehungen.

Es können nachfolgende Substitutionen gewählt werden:

1. Absenkungsstadium

a) Fall 1

$$Q_x = Q_V - \frac{3Q_V}{R_x^2} \cdot x^2 + \frac{2Q_V}{R_x^3} \cdot x^3$$

$$Q_x = c_1 - c_2 \cdot x^2 + c_3 \cdot x^3$$

b) Fall IIa

$$Q_x = \pi q_s R_x^2 + Q_V - \left(\frac{3Q_V}{R_x^2} + \pi q_s\right) \cdot x^2 + \frac{2Q_V}{R_x^3} \cdot x^3$$

$$Q_x = c_1 - c_2 \cdot x^2 + c_3 \cdot x^3$$

2. Absenkungsstadium

a) Fall I

$$Q_x = Q_V - \frac{Q_V}{R_x^2} \cdot x^2$$

$$Q_x = c_1 - c_2 \cdot x^2$$

b) Fall IIa

$$Q_x = \pi q_s R_x^2 + Q_V - \left(\frac{Q_V}{R_x^2} + \pi q_s\right) \cdot x^2$$

$$Q_x = c_1 - c_2 \cdot x^2$$

3. Absenkungsstadium

a) Fall I

$$Q_x = Q_V - \frac{Q_V}{R_x^3} \cdot x^3$$

$$Q_x = c_1 - c_3 \cdot x^3$$

b) Fall IIa

$$Q_x = \pi q_s R_x^2 + Q_V - \pi q_s \cdot x^2 - \frac{Q_V}{R_x^3} \cdot x^3$$

$$Q_x = c_1 - c_2 \cdot x^2 - c_3 \cdot x^3$$

3.2. Gleichungen zur Bestimmung der Trichterwasservolumina

Im allgemeinen ist die Anwendung numerischer Näherungsmethoden zu empfehlen. Sie liefern gegenüber den bisher bekannten Gleichungen, die auf der Grundlage von Reihen entwickelt wurden, weitaus bessere mit der Praxis übereinstimmende Ergebnisse (RICHTER 1968). Der Rechenaufwand ist jedoch sehr groß. Da derartige Ermittlungen in der Regel mittels programmgesteuerter Rechenautomaten durchgeführt werden, ist ihre Anwendung und Durchsetzung in der Praxis gerechtfertigt. In den vom ehemaligen VEB PKB „Kohle", Berlin, aufgestellten Rechenprogrammen werden für die Voluminabestimmungen ausschließlich auf der Basis der SIMPSONschen Regel entwickelte Beziehungen angewendet (RICHTER u. a. 1966, 1967; RICHTER 1968). Da diese Berechnungsmethoden als bekannt vorausgesetzt werden dürfen, sollen obige Literaturhinweise genügen.

Für den Fall, daß elektronische Großrechenanlagen (NE 503 u. a.) nicht zur Verfügung stehen und die Abstandsermittlungen mit Handrechenmaschinen durchgeführt werden müssen, seien die für grobe Überschlagsrechnungen anwendbaren nachfolgenden Beziehungen, die sich auf der Grundlage von Reihen entwickeln lassen (SIEMON 1958, RICHTER 1968), wiedergegeben.

Die Trichterwassermengen oberhalb der Absenkungsspiegelfläche errechnet sich, wobei die Innenfigur unberücksichtigt bleibt, zu

$$W_0 = [\pi (R_x^2 - r_0^2) \cdot H - V_u] \cdot p \quad (3)$$

Unterhalb der Spiegelfläche wird

$$W_u = V_u \cdot p \quad (4)$$

Mit Berücksichtigung der Innenfigur lauten die Gleichungen:

$$W_0 = [\pi(R_x^2 \cdot H - r_0^2 \cdot h_0) - V_u] \cdot p \quad (5)$$

und

$$W_u = (\pi r_0^2 \cdot h_0 + V_u) \cdot p \quad (6)$$

Die nachfolgenden Gleichungen zur Bestimmung der Trichterwasservolumina werden unter Vernachlässigung der Innenfiguren angegeben. Bei den Berechnungen sind die Innenfiguren (außer bei Ermittlungen für Einzelbrunnen) entsprechend zu berücksichtigen.

Die Beziehungen lauten (dabei soll sich die Wiedergabe auf die Beziehungen für W_u beschränken) für den Berechnungsfall I:

1. Absenkungsstadium

$$W_u = \left[\pi \cdot H (R_x^2 - r_0^2) - \frac{Q}{2 \cdot k_f \cdot H} \times \frac{R_x^3}{R_x^3 - 3R_x \cdot r_0^2 + 2r_0^3} \left(\frac{9}{60} R_x^2 + r_0^2 \cdot \ln \frac{r_0}{R_x} + \frac{1}{3} r_0^2 - \frac{3}{4} \times \frac{r_0^4}{R_x^2} + \frac{4}{15} \cdot \frac{r_0^5}{R_x^3}\right)\right] \cdot p \quad (7)$$

2. Absenkungsstadium

$$W_u = \left[\pi \cdot H (R_x^2 - r_0^2) - \frac{Q}{2 \cdot k_f \cdot H} \times \frac{R_x^2}{R_x^2 - r_0^2} \left(\frac{R_x^2}{4} + r_0^2 \cdot \ln \frac{r_0}{R_x} - \frac{r_0^4}{4R_x^2}\right)\right] \cdot p \quad (8)$$

3. Absenkungsstadium

$$W_u = \left\{\pi \cdot H (R_x^2 - r_0^2) - \frac{Q}{2 \cdot k_f \cdot H} \cdot \frac{R_x^2}{2 \cdot R_x^3 - 3R_x^3 r_0 + r_0^3} \left[\frac{3}{5} R_x^3 + (2R_x r_0^2 - 3r_0^3) \ln \frac{r_0}{R_x} - \frac{3}{4} r_0 R_x^2 - \frac{1}{3} r_0^2 R_x + \frac{29}{60} \frac{r_0^5}{R_x^2}\right]\right\} \cdot p \quad (9)$$

Die Formeln für den Berechnungsfall IIa lauten:

1. Absenkungsstadium

$$W_u = \left[\pi \cdot H (R_x^2 - r_0^2) - \frac{Q - \pi q_s (R_x^2 - r_0^2)}{2 \cdot k_f \cdot H} \times \frac{R_x^3}{R_x^3 - 3R_x r_0^2 + 2r_0^3} \left(\frac{9}{60} R_x^2 + r_0^2 \ln \frac{r_0}{R_x} + \frac{1}{3} r_0^2 - \frac{3}{4} \times \frac{r_0^4}{R_x^2} + \frac{4 r_0^5}{15 R_x^3}\right) - \frac{\pi q_s R_x^2}{2 \cdot k_f \cdot H} \left(\frac{R_x^2}{4} + r_0^2 \cdot \ln \frac{r_0}{R_x} - \frac{r_0^4}{4R_x^2}\right)\right] \cdot p \quad (10)$$

2. Absenkungsstadium

$$W_u = \left[\pi \cdot H(R_x^2 - r_0^2) - \frac{Q}{2 \cdot k_f \cdot H}\right.$$
$$\left.\times \frac{R_x^2}{R_x^2 - r_0^2}\left(\frac{R_x^2}{4} + r_0^2 \ln \frac{r_0}{R_x} - \frac{r_0^4}{4R_x^2}\right)\right] \cdot p \quad (11)$$

3. Absenkungsstadium

$$W_u = \left\{\pi \cdot H(R_x^2 - r_0^2) - \frac{Q - \pi q_s (R_x^2 - r_0^2)}{2 \cdot k_f \cdot H}\right.$$
$$\times \frac{R_x^2}{2R_x^3 - 3R_x^3 r_0 + r_0^3}\left[\frac{3}{5} R_x^3 + (2R_x r_0^2 - 3r_0^3) \cdot \ln \frac{r_0}{R_x}\right.$$
$$\left. - \frac{3}{4} r_0 R_x^2 - \frac{1}{3} r_0^2 R_x + \frac{29}{60} \cdot \frac{r_0^5}{R_x^2}\right]$$
$$\left. - \frac{\pi q_s \cdot R_x^2}{2 \cdot k_f \cdot H}\left(\frac{R_x^2}{4} + r_0^2 \ln \frac{r_0}{R_x} - \frac{r_0^4}{4R_x^2}\right)\right\} \cdot p \quad (12)$$

4. Berechnungsmethodik

Die Grundwasserabsenkung soll als eine Folge von aufeinanderfolgenden Wechseln stationärer Zustände angesehen werden (SIEMON 1958, RICHTER 1968).

Je enger die Rechenschritte (Absenkungsschrittweiten) gewählt werden, um so genauer wird das Gesamtergebnis. Für die Ermittlung der Entwässerungszeiten erhält man die Gleichung (SIEMON 1958):

$$\Delta t_i = \frac{\Delta W_i}{\overline{Q_{V_i}}} \quad (13)$$

Die gesamte Absenkungsdauer ergibt sich aus der Summation der Einzelzeiten.

$$T_n = \sum_{i=1}^{n} \Delta t_i \quad (14)$$

In Annäherung gilt für

$$\overline{Q_{V_i}} = \frac{Q_{V_{i+1}} + Q_{V_i}}{2} \quad (15)$$

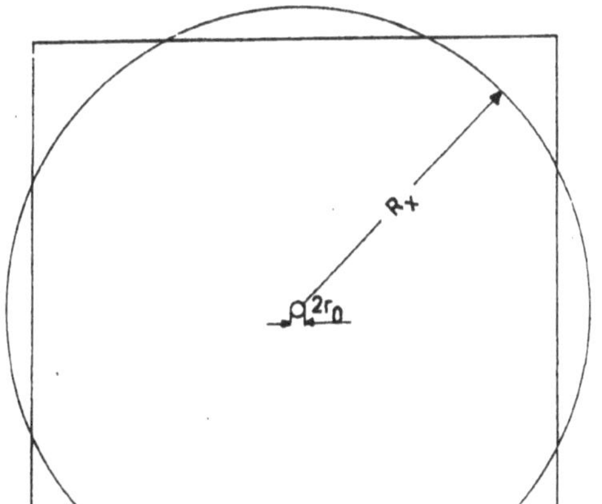

Abb. 1. Schematische Darstellung eines Entwässerungsquaders — Entwässerung mittels netzförmig angeordneter Einzelbrunnen

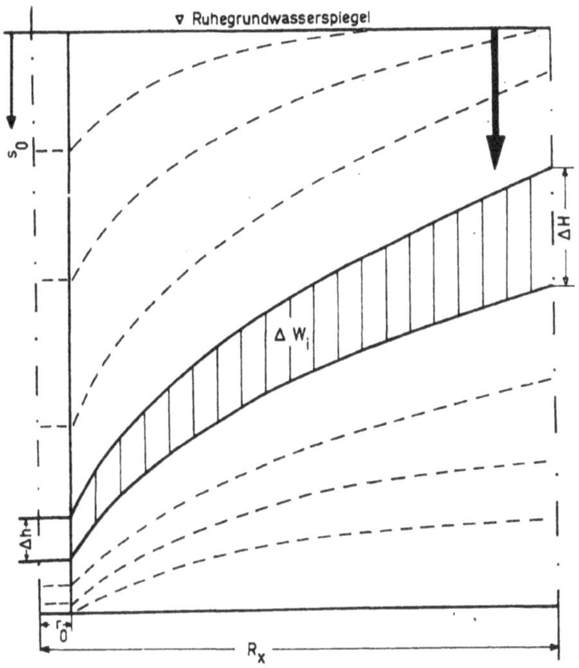

Abb. 2. Schematische Darstellung der Grundwasserabsenkung bei netzförmig angeordneten radialen Fassungsanlagen

Für ΔW_i kann

$$\Delta W_i = W_{i+1} - W_i$$

geschrieben werden, wobei die Beziehungen für W_u zu wählen sind (Abb. 2).

Folgende Ermittlungen lassen sich durchführen:

a) die Berechnung der Entwässerungszeit T_n für bereits bestehende oder projektierte Filterbrunnennetze,

b) die Berechnung von Abständen der netzförmig anzuordnenden Filterbrunnen bzw. Filterbrunnengruppen unter Berücksichtigung des Vorgabewertes T_0 (geplanter Entwässerungszeitraum).

Im Falle a) ist nur ein einziger Rechengang erforderlich.

Im Falle b) sind so viel Näherungsrechnungen notwendig, bis die Gleichung

$$T_n = T_0 \pm \varepsilon \quad (16)$$

erfüllt ist.

Ausgehend von dem Anfangsgrundwasserstand werden die Rechenschritte bei jedem Rechengang bis zu einem vorgegebenen (zulässigen) Restwasserstand durchgeführt.

5. Durchführung der Berechnungen

Da die Abgrenzung bzw. Festlegung der Entnahmebedingungen für die verschiedenen Absenkungsstadienbereiche analytisch sehr schwierig ist, müssen vereinfachende Annahmen für die Berechnungsgänge getroffen werden. Die Berechnungsergebnisse können daher nur als Näherungswerte angesehen werden (RICHTER 1968).

Tab. 1. Gleichungen des Formeltyps I/II für die Berechnungen der Stadien I und II sowie des Zwischenstadienbereiches I/II

Bedingungen	Stadium I	$u = 2m = n; \quad l = o; \quad k = m$
	Übergangsbereich I/II	$u = 2(n-k) = 2m; \quad o < l < k; \quad m = n - k$ $l = n - u; \quad \frac{u + 2l}{2k} = 1$
	Stadium II	$u = 2m = o; \quad l = k; \quad k = n$
Fall		a) Entnahmegleichung b) Gleichung für Q_V
I	a)	$Q = \frac{\pi \cdot k_f (H^2 - h_0^2) \cdot \left[R_x^2 - r_0^2 - \frac{2m}{3n}(2R_x^2 - R_x r_0 - r_0^2)\right] \cdot (R_x - r_0)}{\left[\frac{u}{3n} R_x^3 + \frac{l}{n}(R_x^3 - R_x^2 r_0)\right] \ln \frac{R_x}{r_0} - \left[\frac{l}{n}(R_x - r_0) + \frac{u}{n} R_x\right] \cdot \frac{R_x^2 - r_0^2}{2} + \frac{2u}{3n} \cdot \frac{R_x^3 - r_0^3}{3}}$
	b)	$Q_V = Q$
IIa	a)	$Q = \frac{\pi \left[k_f (H^2 - h_0^2) - q_s R_x^2 \ln \frac{R_x}{r_0} + q_s \frac{R_x^2 - r_0^2}{2}\right] \cdot \left[R_x^2 - r_0^2 - \frac{2m}{3n}(2R_x^2 - R_x r_0 - r_0^2)\right] \cdot (R_x - r_0)}{\left[\frac{u}{3n} R_x^3 + \frac{l}{n}(R_x^3 - R_x^2 r_0)\right] \ln \frac{R_x}{r_0} - \left[\frac{l}{n}(R_x - r_0) + \frac{u}{n} R_x\right] \cdot \frac{R_x^2 - r_0^2}{2} + \frac{2u}{3n} \cdot \frac{R_x^3 - r_0^3}{3}} + \pi q_s (R_x^2 - r_0^2)$
	b)	$Q_V = Q - \pi q_s (R_x^2 - r_0^2)$

Gleichung zur Bestimmung der Trichterwassermengen auf der Grundlage von Reihenentwicklungen unter Vernachlässigung der Innenfigur

$$W_u = \left\{\pi \cdot H (R_x^2 - r_0^2) - \frac{R_x^2}{2 \cdot k_f \cdot H}\left[\frac{c_1}{2}\left(1 + 2\,\frac{r_0^2}{R_x^2} \cdot \ln \frac{r_0}{R_x} - \frac{r_0^2}{R_x^2}\right) - c_2 \frac{R_x^2}{2}\left(\frac{1}{2} + \frac{r_0^4}{2R_x^4} - \frac{r_0^2}{R_x^2}\right) + c_3 \frac{R_x^3}{3} \times \left(\frac{3}{5} + \frac{2}{5}\,\frac{r_0^5}{R_x^5} - \frac{r_0^2}{R_x^2}\right)\right]\right\} \cdot p$$

Folgende Substitutionen werden gewählt:

Fall I

$c_1 = A + B$ mit $A = \frac{1}{3} \cdot \frac{u}{n} \cdot \frac{Q_V \cdot R_x^3}{\left[R_x^2 - r_0^2 - \frac{2m}{3n}(2R_x^2 - R_x r_0 - r_0^2)\right] \cdot (R_x - r_0)}$

$c_2 = C$

$c_3 = D$

$$B = \frac{l}{n} \cdot \frac{Q_V \cdot R_x^2 (R_x - r_0)}{\left[R_x^2 - r_0^2 - \frac{2m}{3n}(2R_x^2 - R_x r_0 - r_0^2)\right] \cdot (R_x - r_0)}$$

Fall IIa

$c_1 = \pi q_s R + A + B$

$$C = \left[\frac{l}{n}(R_x - r_0) + \frac{u}{n} R_x\right] \cdot \frac{Q_V}{\left[R_x^2 - r_0^2 - \frac{2m}{3n}(2R_x^2 - R_x r_0 - r_0^2)\right] \cdot (R_x - r_0)}$$

$c_2 = \pi q_s + C$

$c_3 = D$

$$D = \frac{2u}{3n} \cdot \frac{Q_V}{\left[R_x^2 - r_0^2 - \frac{2m}{3n}(2R_x - R_x r_0 - r_0^2)\right] \cdot (R_x - r_0)}$$

Anmerkungen: Die entsprechenden Spiegelgleichungen erhält man, wenn in die Beziehungen (1) und (2) die Größen c_1, c_2 und c_3 substituiert werden. Mit den dadurch neugewonnenen Absenkungsgleichungen können die numerischen Berechnungsverfahren zur Bestimmung der Trichterwasservolumina angewendet werden.

5.1. Ungesteuerter Absenkungsvorgang

Unter gewissen Bedingungen kann vorausgesetzt werden, daß das Aufnahmevermögen der Filter (bzw. eines Filters bei Einzelanlagen; hierbei jedoch nur bedingt anwendbar) so bemessen ist, daß die zu jedem Absenkungsstand anfallenden Wassermengen ohne Verzögerung abgeführt werden können. Unter Vernachlässigung der Sickerstrecke an den Filtern (am Filter) wird nach kurzer Entwässerungszeit ein h_0-Wert von ≈ 0 erreicht (abhängig von H, R_x usw.). Der Absenkungsvorgang gliedert sich somit in die Bereiche der Stadien I und III und einer dazwischenliegenden mehr oder weniger ausgebildeten Übergangszone. Die Rechenschritte werden für die beiden Bereiche der Stadien I und III sowie den Übergangsbereich festgelegt (siehe auch Abschnitt 6.) (RICHTER 1968).

Für den Berechnungsfall IIa existiert rechnerisch ein minimaler Restwasserstand für den Fall, daß das Grundwasser so weit abgesenkt wird, daß sich stationäre Strömungsverhältnisse einstellen können und keine Vorratsentnahme mehr stattfindet. Das gilt ebenfalls für den gesteuerten Absenkungsvorgang. Dieser minimale Restwasserstand ist ein Grenzwert und darf bei den Berechnungen nicht unterschritten werden (RICHTER 1968).

Für Brunnengruppen lautet die Spiegelgleichung (1) unter Berücksichtigung stationärer Strömungsverhältnisse

$$y^2 = \frac{q_s}{k_f}\left(R_x^2 \ln \frac{x}{r_0} - \frac{x^2 - r_0^2}{2}\right) + h_0^2 \qquad (17)$$

Die Restwasserhöhe wird für $h_0 = 0$ und die Randbedingung $x = R_x \to y = H$

$$H_{\min}^* = \sqrt{\frac{q_s}{k_f}\left(R_x^2 \ln \frac{R_x}{r_0} - \frac{R_x^2 - r_0^2}{2}\right)} \qquad (18)$$

Für Einzelbrunnen gilt dann

$$H_{\min}^* = \sqrt{\frac{q_s}{k_f}\left(R_x^2 \ln \frac{R_x}{r_0} - \frac{R_x^2}{2}\right)} \qquad (19)$$

5.2. Gesteuerter Absenkungsvorgang

Es ergeben sich analoge Entnahmemöglichkeiten wie bei der Grabenentnahme (RICHTER 1968).

Es wird die neue Größe Q_F eingeführt. In dieser Größe sind das Wasseraufnahmevermögen eines Filters (bzw. mehrerer) und der Pumpenkapazitätswert (von einer bzw. mehreren Pumpen) vereinigt.

Jeweils die kleinere von diesen beiden Größen ist entscheidend für die Berechnungen (RICHTER 1968).

Bei den Ermittlungen für den gesteuerten Absenkungsvorgang wird in den hydrogeologischen Gleichungen und Rechenansätzen

$$Q = Q_F$$

gesetzt. Die verschiedenen Förderstufen der Entnahme und damit die unterschiedlichen Werte für Q_F lassen sich für die Bedingung

$$Q_{Pu} \leqq Q_\varphi$$

festlegen. Ist Q_φ bei jedem Absenkungsstand größer als Q_{Pu}, sind die Werte Q_F identisch mit den Werten Q_{Pu}. Für jeden Rechenschritt sind die Größen Q und Q_F zu testen.

Wird $Q_F > Q$, ist eine neue Förderstufe mit einem kleineren Q_F-Wert festzulegen. Sind die Förderstufen vor Erreichen des Absenkungszieles ausgefahren, verläuft die weitere Absenkung ungesteuert.

Es ist dann

$$Q_F > Q$$

Durch Umstellungen der Absenkungs- bzw. Entnahmegleichungen werden für jeden Rechenschritt H bzw h_0 ermittelt. Damit können alle weiteren Rechenoperationen durchgeführt werden.

Die Berechnungen unter Berücksichtigung der Entnahmebedingungen für die drei Absenkungsstadien werden analog den Berechnungen zur Bestimmung von Abständen paralleler Filterbrunnenreihen durchgeführt (RICHTER 1968).

Die im Braunkohlenbergbau ab 1969 zum Einsatz kommenden Unterwassermotorpumpentypen können gegenüber den bisher bekannten Pumpentypen für einen größeren Leistungsbereich eingesetzt werden. Prinzipiell ergeben sich dadurch keine grundsätzlichen Änderungen in der Berechnungsmethodik.

6. Erfassung von Zwischenstadien in den Übergangsbereichen

Prinzipielle Ausführungen erfolgten in der mehrfach zitierten Arbeit über die Abstandsermittlungen paralleler Entwässerungssysteme (RICHTER 1968).

Durch die Berücksichtigung von Zwischenstadien, die zwischen den Stadien I und II sowie II und III liegen, ist es möglich, Entnahmebedingungen zu schaffen, mit denen rechnerisch ein kontinuierlicher Absenkungsverlauf nachgebildet werden kann.

In den Tab. 1 und 2 werden die Beziehungen für die beiden Formeltypen I/II sowie II/III wiedergegeben (RICHTER 1968). Mit den Formeln des Typs I/II lassen sich das Absenkungsstadium I, der gesamte Zwischenstadienbereich, der zwischen den Entnahmebedingungen des 1. und 2. Absenkungsstadiums liegt, sowie das Absenkungsstadium II erfassen. Analog werden mit den Formeln des Typs II/III das Stadium II, der Zwischenstadiumsbereich II/III sowie das Stadium III berechnet. Die Größen k, l, m, n und u sind Laufvariablen, die mit jedem Rechenschritt zu verändern sind. Durch die ständige Änderung der Laufvariablen wird rechnerisch der kontinuierliche Grundwasserabsenkungsverlauf erzielt.

Die Berechnungen erfolgen analog den bisher bekannten Ermittlungen, die nur drei Absenkungsstadien berücksichtigen.

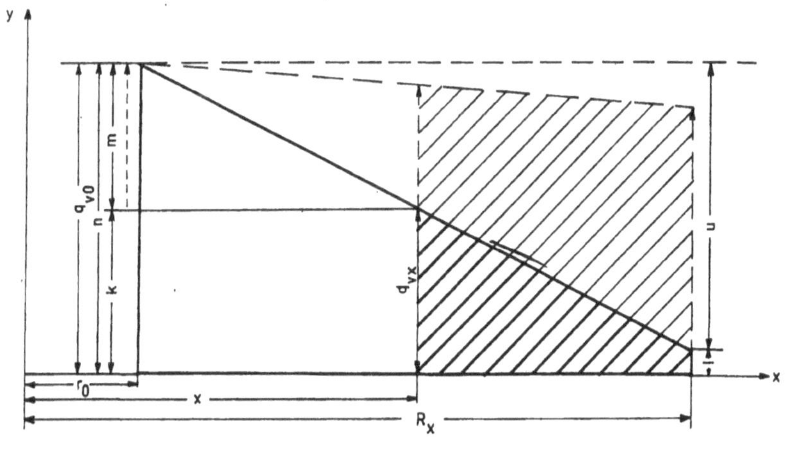

Abb. 3. Zu Tab. 1. Schematische Darstellung zur Bestimmung von Q_{Vx}

Tab. 2. Gleichungen des Formeltyps II/III für die Berechnungen der Stadien II und III sowie des Zwischenstadienbereiches II/III

Bedingungen	Stadium II	$u = 2m = o;\quad l = k;\quad k = n$
	Übergangsbereich II/III	$u = 2(n - k) = 2m;\quad o < l < k;\quad m = n - k$ $l = n - u;\quad \frac{u + 2l}{2k} = 1$
	Stadium III	$u = 2m = n;\quad l = o;\quad k = m$
Fall	a) Entnahmegleichung b) Gleichung für Q_V	
I	a) $Q = \dfrac{\pi k_f (H^2 - h_0^2) \cdot \left[R_x^2 - r_0^2 - \frac{2m}{3n}(R_x^2 + R_x r_0 - 2r_0^2)\right] \cdot (R_x - r_0)}{\left[\frac{2u}{3n} R_x^3 - \frac{u}{n} R_x^2 r_0 + \frac{l}{n}(R_x^3 - R_x^2 r_0)\right] \ln \frac{R_x}{r_0} + \left[\frac{u}{n} \cdot r_0 - \frac{l}{n}(R_x - r_0)\right] \cdot \frac{R_x^2 - r_0^2}{2} - \frac{2u}{3n} \cdot \frac{R_x^3 - r_0^3}{3}}$ b) $Q_V = Q$	
II a	a) $Q = \dfrac{\pi \left[k_f (H^2 - h_0^2) - q_s R_x^2 \ln \frac{R_x}{r_0} + q_s \cdot \frac{R_x^2 - r_0^2}{2}\right] \cdot \left[R_x^2 - r_0^2 - \frac{2m}{3n}(R_x^2 + R_x r_0 - 2r_0^2)\right] \cdot (R_x - r_0)}{\left[\frac{2u}{3n} R_x^3 - \frac{u}{n} R_x^2 r_0 + \frac{l}{n}(R_x^3 - R_x^2 r_0)\right] \ln \frac{R_x}{r_0} + \left[\frac{u}{n} r_0 - \frac{l}{n}(R_x - r_0)\right] \cdot \frac{R_x^2 - r_0^2}{2} - \frac{2u}{3n} \cdot \frac{R_x^3 - r_0^3}{3}} + \pi q_s (R_x^2 - r_0^2)$ b) $Q_V = Q - \pi q_s (R_x{}^2 - r_0{}^2)$	

Gleichung zur Bestimmung der Trichterwassermengen auf der Grundlage von Reihenentwicklungen unter Vernachlässigung der Innenfigur

$$W_u = \left\{\pi H (R_x^2 - r_0^2) - \frac{R_x^2}{2 \cdot k_f \cdot H}\left[\frac{c_1}{2}\left(1 + 2\frac{r_0^2}{R_x^2} \cdot \ln \frac{r_0}{R_x} - \frac{r_0^2}{R_x^2}\right) + c_2 \cdot \frac{R_x^2}{2}\left(\frac{1}{2} + \frac{r_0^4}{2R_x^4} - \frac{r_0^2}{R_x^2}\right) - c_3 \cdot \frac{R_x^3}{3} \times \left(\frac{3}{5} + \frac{2}{5} \cdot \frac{r_0^5}{R_x^5} - \frac{r_0^2}{R_x^2}\right)\right]\right\} \cdot p$$

Folgende Substitutionen werden gewählt:

Fall I

$c_1 = A - B$ mit $A = \dfrac{2}{3} \cdot \dfrac{u}{n} \cdot \dfrac{Q_V \cdot R_x^3}{\left[R_x^2 - r_0^2 - \frac{2m}{3n}(R_x^2 + R_x r_0 - 2r_0^2)\right] \cdot (R_x - r_0)}$

$c_2 = C$

$c_3 = D$

$$B = \left[\frac{u}{n} r_0 - \frac{l}{n}(R_x - r_0)\right] \cdot \frac{Q_V \cdot R_x^2}{\left[R_x^2 - r_0^2 - \frac{2m}{3n}(R_x^2 + R_x r_0 - 2r_0^2)\right] \cdot (R_x - r_0)}.$$

Fall IIa

$c_1 = \pi q_s R_x^2 + A - B$

$$C = \left[\frac{u}{n} r_0 - \frac{l}{n}(R_x - r_0)\right] \cdot \frac{Q_V}{\left[R_x^2 - r_0^2 - \frac{2m}{3n}(R_x^2 + R_x r_0 - 2r_0^2)\right] \cdot (R_x - r_0)}$$

$c_2 = C - \pi q_s$

$c_3 = D$

$$D = \frac{2u}{3n} \cdot \frac{Q_V}{\left[R_x^2 - r_0^2 - \frac{2m}{3n}(R_x^2 + R_x r_0 - 2r_0^2)\right] \cdot (R_x - r_0)}$$

Anmerkungen: Die entsprechenden Spiegelgleichungen erhält man, wenn in die Beziehungen (1) und (2) die Größen c_1, c_2 und c_3 substituiert werden. Mit den dadurch neugewonnenen Absenkungsgleichungen können die numerischen Berechnungsverfahren zur Bestimmung der Trichterwasservolumina angewendet werden.

Abb. 4. Zu Tab. 2. Schematische Darstellung zur Bestimmung von Q_{Vx}

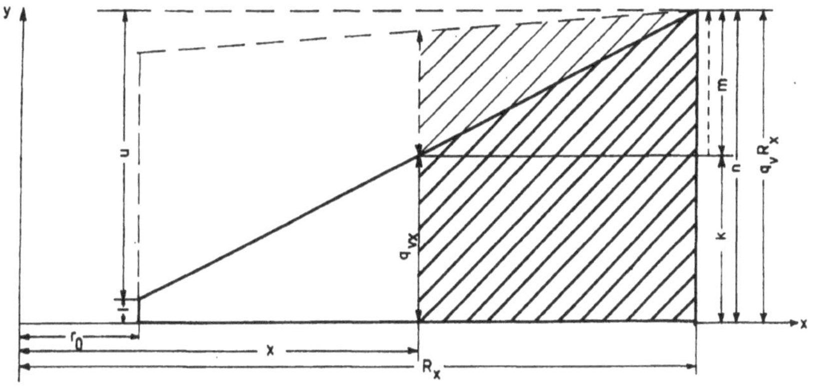

Ausgehend von der Absenkungshöhe h_0, die festgelegt bzw. ermittelt wird (Abschnitt 5.), wird für jeden Rechenschritt die dazugehörige neue Wasserspiegelhöhe H im Kulminationsbereich mit den entsprechenden Gleichungen der Tab. 1 und 2 errechnet (wobei auch umgekehrt von der Spiegelhöhe H ausgegangen werden kann). Die Entnahmebedingungen werden für jeden Rechenschritt neu festgelegt, d. h., die Laufvariablen werden für jeden Rechenschritt neu gewählt. Stimmen nach erfolgter Berechnung für das einzelne Intervall die Proportionen $\Delta h/\Delta H$ (Abb. 2) und l/n bzw. n/l (siehe Tab. 1 und 2) nicht überein, sind die Berechnungen mit neuen Entnahmebedingungen durchzuführen. Diese Näherungen werden für jedes Intervall so lange fortgeführt, bis eine (ungefähre) Übereinstimmung in den erwähnten Proportionen erreicht ist. Von vereinfachten Festlegungen sollte bei den Berechnungen mit den Formeltypen I/II und II/III abgesehen werden.

Sind die Absenkungsspiegelflächen für eine Vielzahl von Absenkungszeitpunkten bekannt (durch Modellversuche ermittelt usw.), können die Festlegungen für die Laufvariablen entsprechend den vorliegenden Meßergebnissen vorgenommen werden. Näherungsweise Ermittlungen für die einzelnen Rechenschritte erübrigen sich in diesem Fall.

7. Hydrogeologische und geometrische Größen und ihre Dimensionen

Die in den hydrogeologischen Gleichungen und Abbildungen verwendeten Symbole bedeuten:

H — Höhe des Ruhegrundwasserspiegels über der undurchlässigen Schicht in m;
H^* — Restwasserhöhe im Kulminationspunkt in m;
h_0 — Höhe des abgesenkten Grundwasserspiegels über der undurchlässigen Schicht in m;
k_f — Durchlässigkeitsbeiwert in m/s;
p — nutzbares Porenvolumen [—];
Q — Grundwasserfördermenge (Gesamtfördermenge) in m³/s;
Q_n — natürliches Wasserdargebot bzw. laufender Zufluß in m³/s;
Q_V — Grundwasserentnahme aus dem statischen Grundwasservorrat (Trichterwasserfördermenge) in m³/s;
Q_x — Grundwassermenge in m³/s, die in der Entfernung x den hydraulischen Querschnitt durchströmt;
Q_F — von technischen Größen abhängige Grundwasserförderkapazität in m³/s;
Q_φ — Fassungskapazität in m³/s;
Q_{Pu} — Pumpenkapazität in m³/s;
q_s — Versickerungsspende in m³/s · m²;
q_v — spezifische Entnahme aus dem Grundwasservorrat in m³/s · m²;
q_{vx} — spezifische Entnahme aus dem statischen Grundwasservorrat in m³/s · m² in der Entfernung x;
q_{v0} — spezifische Entnahme aus dem statischen Grundwasservorrat am Fassungsrand in m³/s · m²;
q_{vR_x} — spezifische Entnahme aus dem statischen Grundwasservorrat in der Entfernung R_x in m³/s · m²;
R_x — Absenkungsreichweite bei nicht abgeschlossenem Absenkungsvorgang in m, gemessen vom Mittelpunkt der Anlage;
r_0 — Radius der Absenkungsanlage (Innenradius) in m;
s_0 — Absenkung des Ruhegrundwasserspiegels in m;
T_n — Zeitdauer der Absenkung in sec (in Tagen ...);
T_0 — vorgegebene Absenkungsdauer (Entwässerungsvorlauf) in sec (in Tagen ...);
Δt_i — Zeitabschnitt innerhalb des Absenkungszeitraumes in sec (in Tagen ...);
V — Volumen des trockengelegten Absenkungsraumes in m³ (allgemein);
V_u — Volumen unterhalb der abgesenkten Wasserspiegelfläche in m³;
W_0 — Wasserinhalt des trockengelegten Absenkungsraumes in m³ (Trichterwassermengen) oberhalb der abgesenkten Wasserspiegelfläche;
W_u — Wasserinhalt in m³ unterhalb der abgesenkten Wasserspiegelfläche;
ΔW_i — Trichterwassermenge eines Berechnungsschrittes in m³;
$x\ y$ — Koordinaten eines beliebigen Punktes auf der Absenkungslinie;
ε — zulässiger Fehler;
k, l, m, n, u — Laufvariable.

Zusammenfassung

Es wird ein Überblick über hydrogeologische Berechnungsverfahren gegeben, die in der Praxis der Ermittlung netzförmiger Anordnungen von Einzelfiltern und Brunnengruppen dienen. Auf eine Darstellung der grundlegenden hydrogeologischen Gleichungen wurde im wesentlichen verzichtet, da bei Anwendung der erläuterten Berechnungsmethoden auf die bereits in der Praxis bekannten hydrogeologischen Beziehungen zurückgegriffen werden kann (siehe Literatur).

Резюме

Дается обзор о гидрогеологическом методе подсчета, который служит в практике для установления расположения по сетке отдельных фильтров и колодезных групп. В основном воздержались от приведения основных гидрогеологических уравнений, т. к. при применении описанных методов подсчета могут быть использованы уже в практике известные гидрогеологические соотношения.

Summary

Hydrogeological methods of calculation serving the practical determination of reticular arrangements of individual filters and groups of wells are reviewed. A description of the basic hydrogeological equations was widely suppressed because hydrogeological relations already known in practical operation can be advanced when using the methods of calculation discussed.

Literatur

RICHTER, L.: Die Ermittlungen von Abständen paralleler Entwässerungsstrecken und Filterbrunnenreihen bei Tagebauentwässerungen. – Z. angew. Geol., 14, H. 8, S. 420–429, Berlin 1968 [1968a].
– Hydrogeologische Gleichungen zur Ermittlung der Grundwasserentnahmemengen bei der Entwässerung von Tagebauen und großen Baugruben. – Z. angew. Geol., 14, H. 9, S. 465–470, Berlin 1968 [1968b].
– Die Erfassung des Grundwasservorrats bei Grundwasserabsenkungen. – Z. angew. Geol., 14, H. 2, S. 83–88, Berlin 1968 [1968c].
RICHTER, L., P. BISCHOFF & J. SCHMIDT: Rechenprogramm zur Ermittlung der Grubenwasserfördermengen unter Berücksichtigung des Grundwasserhaushaltes. – Unveröff. PNT-Thema, VEB PKB „Kohle", Berlin 1966.
– Rechenprogramm zur Ermittlung von Abständen netzförmig angelegter Filterbrunnen und Filterbrunnengruppen. – Unveröff. PNT-Thema, VEB PKB „Kohle", Berlin 1967.
SIEMON, H.: Berechnung von Grundwasserabsenkungen unter Berücksichtigung des Grundwasserhaushaltes. – Düsseldorf 1958.

Einsatz elektronischer Zeichengeräte für die Konstruktion von Isolinienkarten in der Geologie

OLAF WEDEKIND, Gommern

Die intensiven geologischen Erkundungsarbeiten auf dem Territorium der DDR und die Notwendigkeit einer komplexen Auswertung der gewonnenen Primärdaten mit hoher wissenschaftlicher Aussage gebieten eine durchgreifende Rationalisierung der Auswertearbeiten. Die geologischen Kapazitäten, die für die Interpretation des im Erkundungsprozeß gewonnenen Datenmaterials zur Verfügung stehen, werden noch in viel zu starkem Maße mit formalen routinemäßigen Konstruktions- und Entwurfsarbeiten belastet, so daß eine kurzfristige Komplexauswertung des gewonnenen Materials auf wissenschaftlicher Grundlage nicht gewährleistet ist. Hier müssen die Methoden der elektronischen Datenverarbeitung zur komplexen rechnerischen und graphischen Aufbereitung des Zahlenmaterials eingesetzt werden, um entscheidend mehr geologische Kapazität für die wissenschaftliche Interpretation der Erkundungsergebnisse und Schaffung des wissenschaftlichen Vorlaufs für die Erkundung bereitstellen zu können.

Eine wesentliche Voraussetzung für die wissenschaftliche Komplexauswertung der Erkundungsdaten ist die Herstellung aktueller graphischer Dokumentationen, die dem geologischen Bearbeiter zu jeder Zeit ein dem jeweiligen Erkundungsstand entsprechendes objektives Bild der Lagerstättenparameter geben. Ganz besondere Bedeutung kommt der Anfertigung und dem Laufendhalten derartiger Dokumentationen beim Übergang von der objektweisen zur großterritorialen Auswertung zu.

Diese Dokumentationen haben folgende Forderungen zu erfüllen:

1. Die Unterlagen müssen aktuell sein.

Diese Forderung bezieht sich sowohl auf die Laufendhaltung der Karten während des Erkundungsprozesses als einer Grundlage operativer wissenschaftlicher Entscheidungen für die Durchführung der Erkundungsarbeiten als auch auf die Aktualität für die kurzfristige Bearbeitung der Ergebnisberichte. Die graphischen Dokumentationen müssen vor der textlichen Fassung der Berichte auf dem neuesten Stand vorhanden sein.

2. Die Unterlagen müssen ohne zusätzlichen Aufwand vervielfältigungsfähig sein und darüber hinaus die Möglichkeit der drucktechnischen Vervielfältigung bieten.

3. Die Unterlagen müssen kurzfristig zur Verfügung stehen.

4. Die Unterlagen müssen die Möglichkeit der kartographischen Weiterbearbeitung für den Herausgabeprozeß bieten.

5. Die Herstellung der Unterlagen muß billig sein.

Die weitaus größte Menge der herzustellenden graphischen Dokumentationen trägt den Charakter von Arbeitsmaterial bzw. Manuskripten, d. h., sie müssen keinen hohen kartographischen Anforderungen genügen. Der Manuskriptcharakter schließt jedoch die drucktechnische Vervielfältigung nicht aus.

Im nachfolgenden soll über ein in der Abteilung Gruppenmarkscheiderei des VEB Bohrlochzementierung, Gommern, entwickeltes Verfahren zur Konstruktion von Tiefenlinienkarten aus den Ergebnissen von Bohrungen und der Reflexionsseismik auf einem elektronischen Zeichenautomaten berichtet werden.

Maschinenanlagen

Die bisherigen Erfahrungen bei der Durchführung der Testarbeiten haben gezeigt, daß die rechnerische Aufbereitung des Datenmaterials für die Eingabe in das Zeichengerät nur auf mittleren bis großen elektronischen Datenverarbeitungsanlagen durchgeführt werden kann, wenn man nicht den Rechner ausschließlich für die Steuerung der Zeichenmaschine verwenden will. Maßgebliches Kriterium für die Wahl der Rechenanlage sind Kernspeicherkapazität und Rechengeschwindigkeit, da es im Interesse einer ökonomischen Gestaltung der Arbeiten zweckmäßig ist, während der Rechnungen weitgehend auf die zeitaufwendigen Magnetbandsortierungen zu verzichten. Informatorisch sei mitgeteilt, daß für die Berechnung eines der später gezeigten Beispiele ca. 26000 Kernspeicherplätze benötigt werden.

Bei der Auswahl der Zeichengeräte ist zunächst zu unterscheiden zwischen:

a) Anlagen im On-line-Betrieb, d. h., die Zeichenanlage wird direkt vom Rechner über Kabel gesteuert;

b) Anlagen im Off-line-Betrieb, d. h., die Zeichenanlage ist nicht mit dem Rechner verbunden. Die Steuerung erfolgt über Lochstreifen oder Magnetband, die vom Rechner ausgegeben werden.

Die Benutzung von on-line arbeitenden elektronischen Zeichenmaschinen für die Herstellung komplizierter graphischer Dokumentationen ist wesentlich kostenaufwendiger als die Verwendung von Anlagen im

Eingang des Manuskripts in der Redaktion: 13. 11. 1968.

Off-line-Betrieb, da die teuere Rechenanlage von der Zeichenmaschine gebremst wird, dadurch hohe Rechenzeiten und somit hohe Kosten entstehen.

Bei den Zeichenanlagen selbst hat man zu unterscheiden zwischen

a) Schrittzeichnern (Incrementschreibern oder Plotter) mit folgender Charakteristik:

hohe Zeichengeschwindigkeit (bis 300 Schritte pro Sekunde);

geringe Zeichengenauigkeit ($\pm 0{,}3$ bis $\pm 0{,}2$ mm);

Zeichenwerkzeug als einfacher Schreibstift (Kugelschreiber) ausgebildet;

Zeichenträger: je nach Ausführung des Gerätes perforiertes Rollenpapier von 27 bzw. 75 cm Nutzbreite (L = 50 m) oder Formatpapier bis A 0;

Steuerung: Lochstreifen, Magnetband, On-line-Betrieb (siehe Abb. 1: Plotterzeichnung);

b) elektronischen Großkoordinatographen mit folgender Charakteristik:

Zeichengeschwindigkeit ca. 30 cm/s bzw. Kartierung von etwa 15 Punkten pro Minute;

hohe Zeichengenauigkeit ($\pm 0{,}1$ mm);

Mehrfachzeichenkopf zur Aufnahme von mehreren Rapidographen bzw. Gravursticheln; teilweise austauschbar gegen Photozeichenkopf, Kreisziehgerät;

Zeichenträger: Zeichenkarton, Transparentpapier, Gravurfolien;

Steuerung: Lochstreifen, Magnetband, in Ausnahmefällen On-line-Betrieb (siehe Abb. 2: ARISTOMAT-Zeichnung.)

Zur Erfüllung der eingangs erwähnten fünf Forderungen, die an die graphischen Dokumentationen gestellt werden, sind die off-line arbeitenden elektronischen Großkoordinatographen sowohl hinsichtlich ihrer Einsatzbreite und Variabilität als auch hinsichtlich der Kosten pro Zeichnung am besten geeignet. Die nachfolgenden Ausführungen beziehen sich deshalb ausschließlich auf den Einsatz elektronischer Großkoordinatographen.

Konstruktion von Isolinienkarten auf einem elektronischen Großkoordinatographen

Konstruktionsverfahren

Das im VEB Bohrlochzementierung, Gommern, entwickelte Verfahren der Isolinienkonstruktion auf elektronischen Zeichengeräten setzt eine diskrete Verteilung

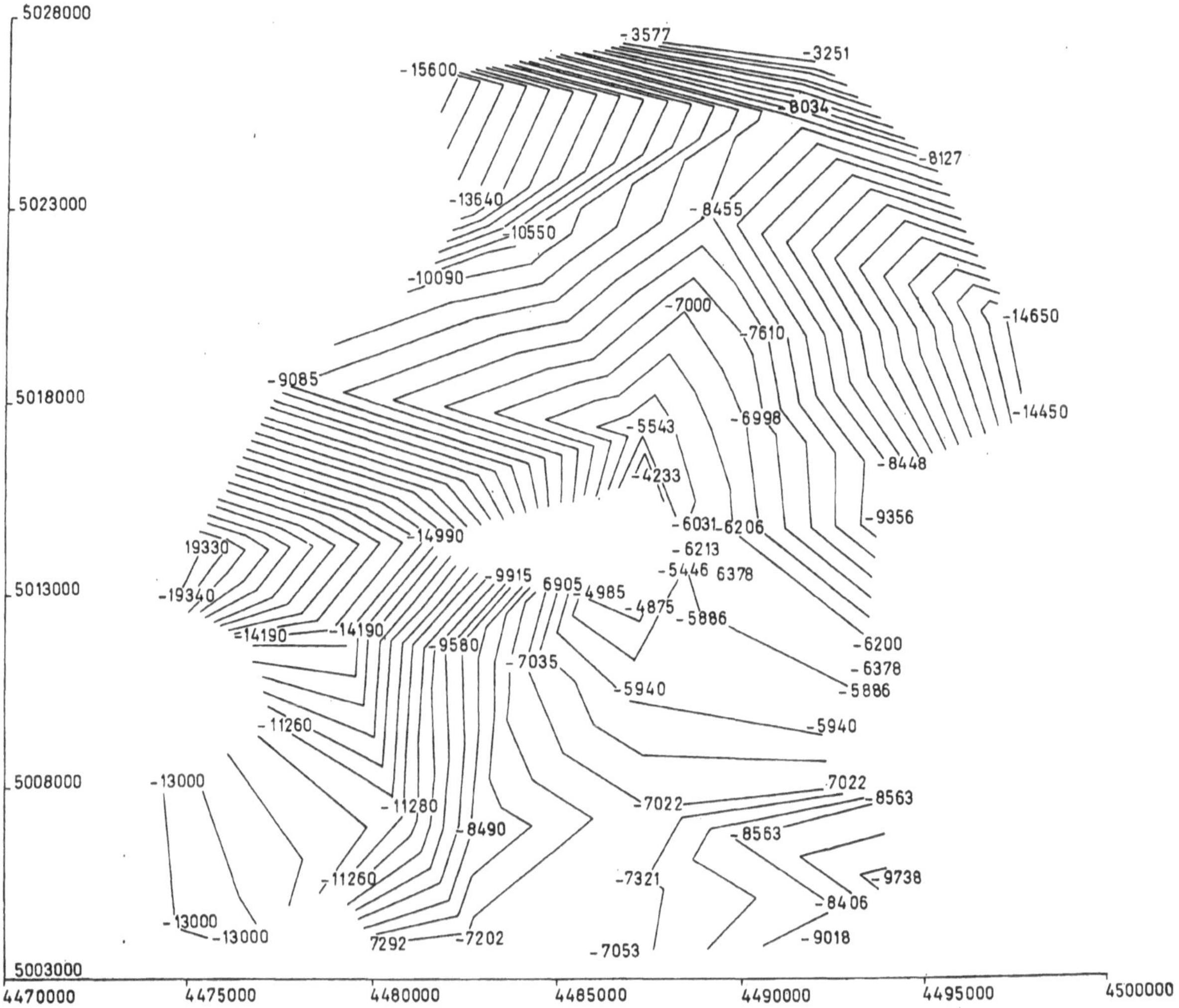

Abb. 1. Plotterzeichnung
(Zeichnung nach dem Maschinenoriginal)

der Aufschluß- oder Meßpunkte (Bohrungen und geophysikalische Schußpunkte) voraus. Der Fall einer gleichmäßigen Verteilung der Meßpunkte, wie er beispielsweise bei der Simultation von Lagerstättenparametern mit Analogrechnern auftritt, ist ein Sonderfall der allgemeinen Situation und in diesem Sinne gelöst.

Die Konstruktion von Isolinienkarten mit elektronischen Zeichengeräten ist prinzipiell nach vier Verfahren möglich:

1. Interpolation der Isolinien aus einer Dreieckssystematik (s. Abb. 1). Dieses Verfahren wurde bereits an anderer Stelle popularisiert.

2. Durch ein geeignetes Interpolationsverfahren wird die diskrete Punktverteilung aus Bohrungen und geophysikalischen Schußpunkten auf eine gleichmäßige Punktverteilung zurückgeführt, und daraus werden die Kurvenstützpunkte berechnet (Netzpunktmethode).

3. Aus den Raumkoordinaten der Aufschlußpunkte x, y, z wird die Gleichung der Raumfläche errechnet und analytisch mit einer horizontalen Ebene in der Höhe z' geschnitten. Die entstehende Schnittlinie ist eine Isolinie in der Höhe z'.

4. Kombination der Verfahren 2 und 3.

Netzpunktmethode

Wie oben bereits erwähnt, wird bei der Netzpunktmethode die gegebene diskrete Punktverteilung auf eine gleichmäßige Punktverteilung zurückgeführt, und daraus werden die Koordinaten der miteinander zu verbindenden Kurvenstützpunkte berechnet (Abb. 3).

Als Interpolationsnetz kann hierbei ein Hexagitter oder auch ein Quadratnetz entsprechender Maschenweite verwendet werden, wobei dem Hexagitter wegen der stets eindeutigen Lösung der Vorzug zu geben ist.

Für die Interpolation der Isolinien aus den Meßpunkten (Bohrungen und geophysikalischen Meßpunkte) gelten folgende Bedingungen:

1. Der Verlauf der Isolinien muß der Bedingung genügen: „Summe der quadratischen Abweichungen von den Sollwerten → Minimum";

2. strengste Beachtung der Nachbarschaftsbeziehungen.

Die erste Bedingung bezieht sich hierbei sowohl auf die Abweichungen der interpolierten Netzpunkte von den Sollwerten als auch auf die Abweichungen der Isolinien in den Meßpunkten gegenüber den Meßwerten.

Zur Erfüllung der beiden Bedingungen und der Voraussetzung, daß die Fehlerverteilung einer GAUSSschen Normalverteilung folgen soll, wurde als Grundlage für die Interpolation das GAUSSsche Fehlergesetz in der Form

$$\varphi[\varepsilon] = \frac{1}{m\sqrt{2\pi}}\, e^{\frac{-\varepsilon^2}{2m^2}}$$

angewendet.

Die Interpolation der Isolinien nach der Netzpunktmethode erfolgt prinzipiell in zwei Schritten:

1. Berechnung der z-Werte der Netzpunkte des Interpolationsnetzes aus den z-Werten der Meßpunkte bei Beachtung der obenzitierten beiden Bedingungen unter Berücksichtigung von Tektonik, Extrapolationen und innerhalb eines Kartenblattes verlaufender Meridianstreifengrenzen;

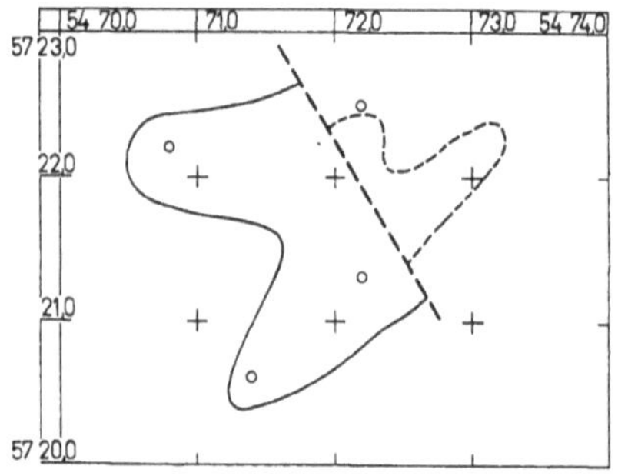

Abb. 2. ARISTOMAT-Zeichnung
(Zeichnung nach dem Maschinenoriginal)

2. Berechnung der Stützpunktkoordinaten der Isolinien aus den unter 1. berechneten z-Werten der Netzpunkte.

Ausgegeben werden vom Rechner auf Lochstreifen oder Magnetband die Koordinaten der Stützpunkte jeder Isolinie in der Reihenfolge, in der sie durch einen Linienzug verbunden werden sollen, sowie die Steuerbefehle für die Zeichenmaschine.

Dieses Verfahren hat organisationsmäßig den Vorteil, daß nach Abschluß des ersten Schrittes alle Kernspeicherplätze mit Ausnahme des Blockes mit den Parametern und Koordinaten der Netzpunkte sowie bestimmten Informationen für die Extrapolationen für die Durchführung der Rechnungen des 2. Schrittes zur Verfügung stehen, so daß auf die Benutzung der Magnetbänder während der Rechenarbeiten weitgehend verzichtet werden kann.

Ergebnisse

Das Verfahren der Isolinienkonstruktion nach der Netzpunktmethode wurde an Hand einer geeigneten Geländeaufnahme (Modells) getestet.

Die Isolinien des Geländemodells können für den Test als „wahre Werte" angesehen werden.

Die Genauigkeit der Isolinienkonstruktion nach der Netzpunktmethode ist im wesentlichen abhängig von den Parametern:

Aufschlußdichte (Meßpunkte pro Kartenblatt bzw. Meßpunkte pro Flächeneinheit),

Maschenweite des Interpolationsnetzes,

Interpolationsbereich (abhängig von der gewählten Interpolationsfunktion),

Maßstab der Zeichnung,

wenn man von den Fehlern bei der Ermittlung der z-Werte (Teufe, Mächtigkeit, Gehalte usw.) absieht.

Alle vier Parameter korrespondieren.

Eine eingehende statistische Auswertung der bisher erhaltenen Ergebnisse zur Bestimmung des optimalen Verhältnisses von Aufschlußdichte zu Maschenweite, Interpolationsbereich und Maßstab steht bisher noch aus, trotzdem lassen sich aus den nachfolgend angegebenen Ergebnissen bereits konkrete Schlußfolgerungen ziehen.

Konstruktion der Isolinien mittels Hexagitter

Die Abweichungen der interpolierten Gitterpunkte von den Sollwerten betragen (siehe Tab. 1):

Tabelle 1

Maßstab	Aufschlußdichte	Maschenweite	m_z	[+ v]	[− v]
1:25000	2,5 Pkte/km²	200 m	± 0,6 m	317,0	351,4
1:25000	„	350 m	± 1,0 m	249,3	216,7
1:25000	„	500 m	± 1,3 m	226,0	261,2
1:25000	2,1 Pkte/km² nur	200 m	± 0,8 m	336,4	389,3
1:25000	„ geoph.	350 m	± 1,1 m	271,0	243,9
1:25000	„ Profile	500 m	± 1,5 m	218,1	239,0
1:10000	7,9 Pkte/km²	200 m	± 0,4 m	182,3	217,5
1:10000	7,9 „	350 m	± 0,6 m	150,7	181,0
1:10000	7,9 „	500 m	± 1,1 m	127,4	111,5

Die Abweichungen zwischen den Soll- und Istwerten der Aufschlußpunkte betragen (s. Tab. 2):

Tabelle 2

Maßstab	Aufschlußdichte	Maschenweite	m_z	[+ v]	[− v]
1:25000	2,5 Pkte/km²	200 m	± 0,5 m	44,7	52,9
1:25000	„	350 m	± 0,7 m	49,5	41,0
1:25000	„	500 m	± 1,2 m	54,6	62,1
1:25000	2,1 Pkte/km² nur	200 m	± 0,7 m	38,0	30,9
1:25000	„ geoph.	350 m	± 0,9 m	34,5	41,3
1:25000	„ Profile	500 m	± 1,4 m	39,6	46,2
1:10000	7,9 Pkte/km²	200 m	± 0,4 m	28,0	36,5
1:10000	7,9 „	350 m	± 0,5 m	24,1	37,6
1:10000	7,9 „	500 m	± 0,9 m	32,5	25,7

Konstruktion der Isolinien mittels Quadratgitter

Die Abweichungen der interpolierten Gitterpunkte von den Sollwerten betragen (Tab. 3):

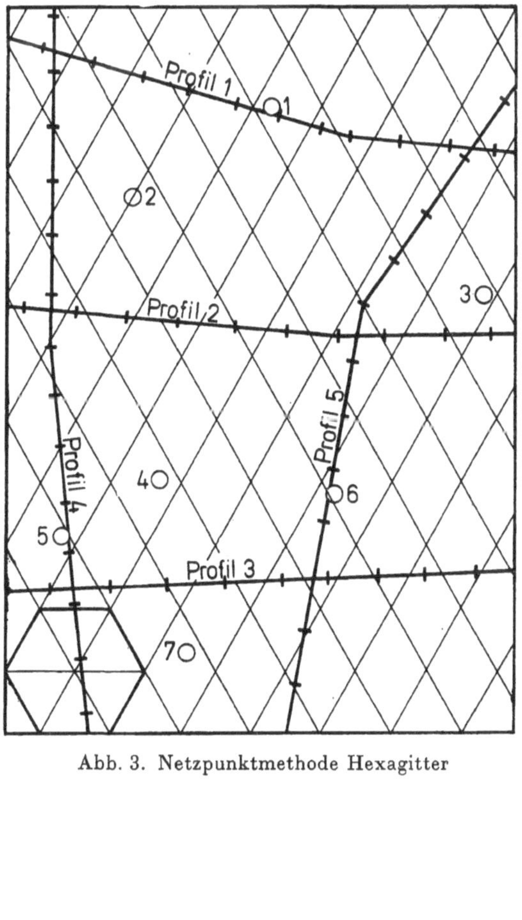

Abb. 3. Netzpunktmethode Hexagitter

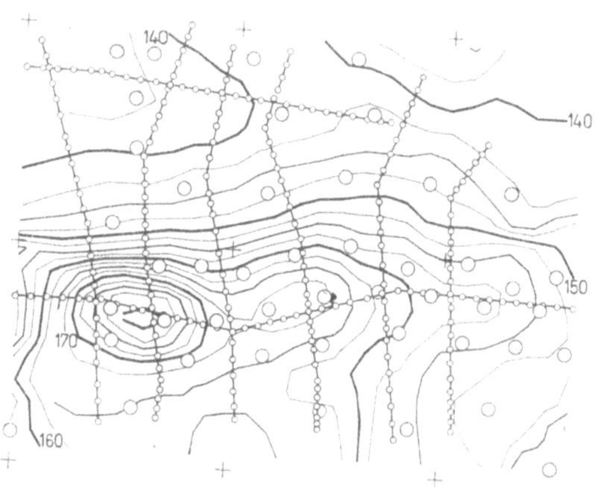

Abb. 4. Kartenausschnitt 1 : 25000, verkleinert

Tabelle 3

Maßstab	Aufschlußdichte	Maschenweite	m_z	[+ v]	[− v]
1:25000	2,5 Pkte/km²	200 m	± 1,8 m	78,8	147,2
1:25000	„	350 m	± 1,6 m	51,2	93,7
1:25000	„	500 m	± 2,2 m	35,8	44,0

Die Abweichungen zwischen den Soll- und Istwerten der Aufschlußpunkte betragen (Tab. 4):

Tabelle 4

Maßstab	Aufschlußdichte	Maschenweite	m_z	[+ v]	[− v]
1:25000	2,5 Pkte/km²	200 m	± 0,9 m	18,6	24,1
1:25000	„	350 m	± 1,2 m	24,0	27,5
1:25000	„	500 m	± 1,3 m	19,1	34,7

Zusammenfassung der Ergebnisse

Die Ergebnisse der bisher durchgeführten Testarbeiten für tektonisch ungestörte, morphologisch jedoch stark gegliederte Strukturen beweisen die Brauchbarkeit des angewendeten Interpolationsverfahrens. Die [v] entspricht beim Hexagitter im wesentlichen einer gleichmäßigen Fehlerverteilung, beim Quadratgitter ist jedoch ein größerer systematischer Fehleranteil vorhanden. Die mittleren Fehler der z-Werte der interpolierten Gitterpunkte liegen bei den bisher untersuchten Beispielen mit geringer Aufschlußdichte etwa eine Zehnerpotenz unter den Fehlern, die bei der Bestimmung der Höhen von Schichtgrenzen aus Bohrungen und den Ergebnissen der Reflexionsseismik auftreten, so daß praktisch kein genauigkeitsmindernder Einfluß auf abgeleitete Isolinien, wie z. B. Isopachen, auftritt.

Zwischen den Parametern Maßstab, Aufschlußdichte und Maschenweite des Interpolationsnetzes ist eine deutliche Abhängigkeit erkennbar. Es zeichnet sich ab, daß bei gleichbleibender Aufschlußdichte die Genauigkeitssteigerung mit abnehmender Maschenweite zunächst rasch, dann langsamer zunimmt.

In Verbindung mit den sich bei kleiner werdender Maschenweite des Interpolationsnetzes schnell vergrößernden Rechenzeiten gilt es, ein optimales Verhältnis zwischen den Parametern zu finden und vom Rechenautomaten für die jeweiligen konkreten Verhältnisse die optimale Maschenweite berechnen zu lassen.

Einige ökonomische Betrachtungen

Die nachfolgenden ökonomischen Betrachtungen beziehen sich ausschließlich auf elektronische Großkoordinatographen im Off-line-Betrieb und sind auf Grund der noch nicht vollständig abgeschlossenen Programmierungsarbeiten nur als Anhaltswerte zu betrachten.

Tabelle 5

Maßstab	Aufschlußdichte	Maschen-weite	Rechen-zeit	Zeichen-zeit	Kosten gesamt
1:25000	2,5 Pkte/km²	200 m	14 min	66 min	420,– M
1:25000	„	350 m	9 min	58 min	285,– M
1:25000	„	500 m	6 min	46 min	195,– M
	Δh = 2,5 m	(vert. Abstand der Isolinien)			
1:10000	7,9 Pkte/km²	200 m	10 min	85 min	340,– M
1:10000	7,9 „	350 m	8 min	78 min	285,– M
1:10000	7,9 „	500 m	5 min	65 min	190,– M
	Δh = 1,0 m				

Die in Tab. 5 angegebenen Rechen- und Zeichenzeiten sind auf die EDVA „Control Data 1604 A" und die Zeichenanlage „ARISTOMAT" mit Lochstreifensteuerung bezogen und wurden für die angegebenen Beispiele ermittelt. In den Rechenzeiten sind demzufolge die Zeiten für die Ausgabe des Lochstreifens enthalten; bei Magnetbandsteuerung der Zeichenanlage sind die Rechenzeiten um etwa 30–40% zu vermindern, und damit werden auch die Gesamtkosten pro Zeichnung wesentlich niedriger.

Eine Minute Rechenzeit kostet auf dieser Anlage 25,— M; 1 Stunde Zeichenzeit 60,— M. Die Bearbeitung einer Isolinienkarte nach dem beschriebenen Verfahren gestaltet sich also sehr wirtschaftlich, auch wenn man die Zeiten für die manuelle Zusammenstellung der Eingabewerte und die Kosten für die Lochungsarbeiten hinzurechnet.

Zusammenfassung

Das beschriebene Verfahren der Konstruktion von Isolinien auf dem elektronischen Zeichenautomaten „ARISTOMAT" in Verbindung mit der EDVA „Control Data" liefert im derzeitigen Entwicklungsstadium aktuelles Arbeitsmaterial, das zumindest teilweise noch der Nachbearbeitung des Geologen bedarf. Es wird ihm eine objektive, nach rein logischen Gesichtspunkten aufgebaute Auswertung der Erkundungsdaten vorgegeben, die in der Regel als Grundlage für die operative geologische Arbeit während der Erkundung eines Objektes ausreicht und ständig rationell auf dem neuesten Stand gehalten werden kann.

Für den endgültigen Ergebnisbericht eines Objektes werden zunächst noch eine Nachbearbeitung einiger Details, insbesondere der Tektonik, und damit eine manuelle Umzeichnung erforderlich sein.

Das Programmsystem ist durch Anwendung der Unterprogrammtechnik so aufgebaut, daß es jederzeit erweiterungsfähig ist und die Organisationsprogramme mit anderen Inter- und Extrapolationsprogrammen gekoppelt werden können.

Die Rechenzeit für die rechentechnische Aufbereitung des Datenmaterials ist infolge der wesentlichen Beschränkung auf die Kernspeicher der Datenverarbeitungsanlage und Vermeidung von Magnetbandsortierungen niedrig, so daß eine wirtschaftliche Herstellung und Laufendhaltung der graphischen Dokumentationen gewährleistet sind.

Резюме

Описываемый метод построения изолиний на электронном чертежном автомате „Аристомат" в совокупности с ЭЦВМ „Контроль Дата" поставляет в современной стадии развития актуальный рабочий материал, который по крайней мере частично требует еще обработки геологом. Ему предлагается объективная, разработанная с чисто логической точки зрения интерпретация данных разведки, которая, как правило, в период разведки объекта достаточна для оперативной геологической работы и может постоянно рационально содерживаться на новейшем уровне.

Для окончательного отчета о результатах по объекту требуется прежде всего обработка некоторых деталей, особенно тектоники, и вместе с тем перечерчивание от руки.

Программная система с помощью техники подпрограммы построена так, что она в любое время может быть расширена, а программы организации могут быть сопряжены с другими программами интерполяции и экстраполяции.

Время для вычислительно технической подготовки исходного материала в связи со значительным ограничением на центральное запоминающее устройство цифрово-вычислительной машины и в связи с избежанием сортировки магнитных лент незначительно, так что обеспечиваются экономичное изготовление и непрерывность графической документации.

Summary

In the present state of development the method described for the construction of isoline maps by means of the automatic electronic drawing material "ARISTOMAT" provides in connection with the "Control Data" electronic data processing plant topical working materials which, at least in part, still want a second treatment by the geologist. An objective evaluation of exploratory data based on merely logical aspects is supplied to him which, as a rule, will do as a basis for operative geological activities during the exploration of an object, and which in a rational way will continuously be kept on the latest standard.

For a final report of results a second treatment of some details will be necessary, in particular of the tectonics, which means a new drawing by hand.

By using the technique of sub-programming the system of programme is so designed as to become extended at any time. Programmes of organization can be coupled with other programmes of interpolation and extrapolation.

Owing to the essential limitation to the core storage devices of the processing plant and the avoidance of magnetic-tape sorting, the computing time for preparing the data is low, so that an economic making and revision of the graphical documentation are secured.

Literatur

WEBER, E.: Grundriß der biologischen Statistik. – 6. Aufl., VEB G. Fischer Verlag, Jena 1967.

Kleine Enzyklopädie Mathematik. – VEB Bibliographisches Institut Leipzig 1967.

Prospektmaterial über die Zeichenanlagen Zuse Graphomat Z 64 und Aristomat von Kongsberg Vapenfabrikk.

Zeitschrift für angewandte Geologie, Bd. 15 (1969), Heft 4

Ein Riffelteiler für kleinste Probenmengen

SIEGFRIED GRUNERT, Dresden

(Mitteilung aus dem Institut für Mineralogie und Geologie der Technischen Universität, Dresden)

Zum statistisch homogenen Teilen körniger Substanzen benutzt man im Laborbetrieb seit Jahren den Riffelteiler nach JONES. Die meisten bekannten Konstruktionen sind für größere Aufgabemengen vorgesehen.

Beim Herstellen von Streupräparaten für mikroskopische Untersuchungen ist es jedoch oft erforderlich, Substanzen von weniger als 0,1 g sorgfältig zu teilen. Besonders Schwermineralpräparate neigen dabei wegen der unterschiedlichen Kornform und Dichte der Mineralkörner zur Entmischung und beim Verwenden ungeeigneter Probenteiler zum fraktionierten Verstauben.

Ein Riffelteiler für derartige Substanzen muß das Verstauben während des Teilens verhindern und leicht zu reinigen sein. Der abgebildete Riffelteiler erfüllt diese Bedingungen. Er wurde in der Feinmechanischen Werkstatt des Instituts für Mineralogie und Geologie der Technischen Universität, Dresden, von Mechanikermeister R. SCHREITERER nach Angaben des Verf. hergestellt.

Abb. 1. Probenteiler, geöffnet

Abb. 2. Probenteiler, gebrauchsfertig

Abb. 1 zeigt das Gerät in geöffnetem Zustand. Es besteht aus dem Grundkörper, zwei Auffanggefäßen und der Aufgabe. Der Grundkörper wurde aus einem Messingblock ausgefräst. Die Begrenzungsplatten an den Stirnseiten, die gleichzeitig als Füße dienen, sind aufgeschraubt. Der Riffelteiler hat eine Aufgabefläche von 21 × 18 mm und zehn Spalte; die Spaltweite beträgt 1 mm. Beide Auffanggefäße sind so konstruiert, daß sie die oberen Teile der Spalte seitlich verschließen und nur die Aufgabefläche frei lassen (Abb. 2). Der Riffelteiler ist leicht zu handhaben und hat sich während der acht Jahre seines Einsatzes am Institut gut bewährt.

Eingang des Manuskripts in der Redaktion: 12. 8. 1968.

Lehrbrief

Bergakademie Freiberg

Sektion Geowissenschaften
Kommission für Erziehung, Aus- und Weiterbildung
Arbeitsbereich Weiterbildung

2. Mitteilung

In Fortsetzung der Übersicht über das Fernstudien-Lehrwerk des Fachbereichs Mineralogie/Lagerstättenlehre soll zwecks Nutzbarmachung für das Direktstudium und die Weiterbildung im folgenden ein Überblick über das Lehrwerk des Fachbereichs Geologie (Geologie, Erdölgeologie, Brennstoffgeologie, Paläontologie) gegeben werden.

In den Jahren 1953—1958 erschienen acht Lehrbriefe Allgemeine Geologie, von denen die ersten sieben in einem Buchband vereinigt wurden, der 1960 erschienen ist; die Autoren sind: G. VIETE, O. WAGENBRETH, R. HUNGER &

Eingang des Manuskripts in der Redaktion: 2. 12. 1968.

H. REICHERT. Diese Buchausgabe enthält die astronomisch-geophysikalischen Grundlagen und die exogene Dynamik. Lehrbrief 8 befaßt sich mit den Lagerungsformen und Lagerungsstörungen der Gesteine. Die endogene Dynamik soll in den Lehrbriefen 9—11 behandelt werden. Davon wird Ende 1968 der 9. Lehrbrief „Metamorphose und metamorphe Gesteine" (J. HOFMANN) erscheinen.

Seit 1967 wird mit dem VEB Deutscher Verlag für Grundstoffindustrie über eine Neuherausgabe des 1. Bandes verhandelt, jedoch liegt ein abschließendes Resultat bisher noch nicht vor.

Zur Erleichterung der geologischen Übungen im Gelände wurde ab 1960 eine Reihe von Exkursionstagebüchern herausgegeben. Sie sind so ausgestattet, daß es mit ihrer Hilfe möglich ist, sich nicht nur auf die Exkursionen vorzubereiten, sondern daß sie auch während der Exkursionen durch eigene Eintragungen ergänzt werden können. Sie enthalten eine kurzgefaßte Übersicht über den Raum der betreffenden Exkursion, einige Kartenskizzen, Tabellen und Hinweise auf einzelne Aufschlüsse, die während der Übung besucht werden. Davon sind zur Zeit greifbar:

Nr. 4: Flechtingen—Roßlauer Scholle, Weferlingen—Schönebecker Triasplatte, Allertal-Störungszone, 1965, 120 S.

Nr. 7: Das Gebiet des Meißner Syeno-Granodiorit-Massivs, 1964, 84 S.

Nr. 15: Die Oberlausitz, 1968, 45 S.

Die Autoren der Tagebücher sind: H. REICHERT, K. WÄCHTER und H. GEBAUER.

Im Zusammenhang mit den Exkursionstagebüchern sei auf zwei umfangreichere Exkursionsführer verwiesen:

RAST, H.: Geologischer Führer durch das Elbsandsteingebirge, Freiberg 1959, 224 S.

FREYER, G., & K. A. TRÖGER: Geologischer Führer durch das Vogtland, Freiberg 1965, 279 S.

Beide Exkursionsführer enthalten zahlreiche Abbildungen und Karten. Sie sind bereits mehrfach in Referaten besprochen und begrüßt worden. Die Ausführung in Buchform ist in jeder Hinsicht einwandfrei.

Für die historische Geologie liegen aus den Jahren 1966—1968 eine Anzahl interner Manuskripte (Loseblattsammlung) vor, die einen guten Überblick über die einzelnen Systeme gestatten. Die Reihe ist fast vollständig (es fehlen das Karbon und das Rotliegende). Die Manuskripte sind mit zahlreichen Tabellen, Skizzen und Abbildungen versehen. Die Vervielfältigung erfolgte im Offset-Verfahren. Als Autoren fungierten H. THIERBACH, K. WÄCHTER und H. GEBAUER.

Im Format A 6 erschien 1961 ein kleines paläontologisches Wörterbuch. Es erläutert und übersetzt auf 94 Seiten die wichtigsten paläontologischen Bezeichnungen und Namen; Verfasser sind H. THIERBACH und H. REICHERT.

Auf dem Gebiet der Erdölgeologie sind bisher 12 Lehrbriefe in neun Heften, davon drei als Doppelhefte, erschienen. Jeder Lehrbrief umfaßt etwa 110 Seiten. Sie wurden alle von R. MEINHOLD geschrieben. Über ihren Inhalt seien folgende Stichworte mitgeteilt: Erdölgenese, Muttergesteine, Speichergesteine, Migration, Erdölfallen (Lb. 1); Lagerstätten (Druck, Temperatur, Energie) (Lb. 2); Erkundung und Erkundungsmethoden (Lb. 3); Bohrungen, Bohrlochmessungen (Lb. 4); Erdölgeologie von Deutschland, Europa, Asien, Afrika und Amerika (Lb. 5—12).

Über die geologischen und physikalischen Grundlagen der Erdöl- und Erdgas-Speichergesteine ist 1963 von A. N. SNARSKY ein Lehrbrief in Buchform erschienen (184 S.).

Alle Hefte des Lehrwerks zur Erdölgeologie sind mit umfangreichen Literaturverzeichnissen versehen.

Auf dem Gebiet der Brennstoffgeologie erschien 1961 ein umfangreiches Werk mit dem Titel Kohlenpetrographisches Praktikum. Es besteht aus Text- und Bildband (A 4) mit 225 S. und 142 Abbildungen. Der Autor ist H.-J. CHRISTOPH. Das Werk behandelt die Grundzüge der Kohlenpetrographie und Kohlenmikroskopie, vor allem in bildlicher Darstellung.

Dr. H. J. BLANKENBURG & H. GEBAUER

Besprechungen und Referate

BENDER, F.

Geologie von Jordanien

(Beiträge zur regionalen Geologie der Erde, Bd. 7)

Berlin—Stuttgart: Verlag Gebrüder Borntraeger 1968. 230 S., 168 Abb., 16 Tab., 5 Fossiltaf., 1 geol. Übersichtskarte, DM 158,—

Mit der „Geologie von Jordanien" hat der Verlag in altbewährter Weise ein Werk herausgebracht, das breites internationales Interesse verlangt und sicher auch verdient. Es ist die Fortsetzung einer langjährigen Aufgabe, die regionale Geologie der Erde in Einzeldarstellungen abzuhandeln [Besprechung von Bd. 6: „Geologie von Syrien und dem Libanon", vgl. Heft 11 (1968) dieser Zeitschrift].

Der Verf., mehrjähriger Leiter einer westdeutschen geologischen Auslandsmission in Jordanien im Rahmen der sog. Wirtschaftshilfe, konnte nicht nur die zahlreiche, jedoch sehr verstreute Literatur zusammenfassen, sondern auch auf umfangreiche eigene Untersuchungen und solche seiner Mitarbeiter zurückgreifen.

Im Vorwort (März 1967) schreibt der Verf. über die geologische Bedeutung Jordaniens folgendes:

„Aus der Sicht eines Geologen umfaßt Jordanien ein Gebiet, das zur Klärung regionalgeologischer Zusammenhänge im östlichen Mittelmeerraum eine besonders günstige Stellung einnimmt, und zwar aus folgenden Gründen:

Es erlaubt einen ausgezeichneten Einblick in den Aufbau des präkambrischen Grundgebirgssockels am Nordrand des Nubisch-Arabischen Schildes,

es bietet Untersuchungsmöglichkeiten der seit dem Kambrium ständig wechselnden Sedimentationsbedingungen am Südrand der Tethys und damit auch Möglichkeiten zur zeitlichen Einstufung der mächtigen festländischen Ablagerungen auf dem Nubisch-Arabischen Schild,

es gestattet dank der besonders guten Aufschlußverhältnisse das Studium endogener Kräfte an einem eindrucksvollen Teilstück der über 6000 km langen Ostafrikanisch-Nordsyrischen Grabenzone."

Der näheren Erläuterung dieses Anliegens wird der Verf. voll gerecht und konnte dabei auch zahlreiche neuere Interpretationen verschiedener geologischer Probleme vermitteln.

Das Buch gliedert sich in folgende Abschnitte (Zahlen bedeuten Anzahl der Seiten):

I.	Allgemeine Einführung	(17)
II.	Geologischer Überblick	(13)
III.	Geologischer Bau	(96)
	A. Präkambrisches Grundgebirge	(10)
	B. Nachalgonkische Schichtenf.	(62)
	C. Nachalgonkische Eruptivgest.	(6)
	D. Tektonische Gliederung	(18)
IV.	Paläogeographie	(7)
V.	Mineralische Rohstoffe	(34)
VI.	Hydrogeologie	(12)
VII.	Die Böden Jordaniens	(7)

Die beigefügten Tab., Abb. (davon 8 farbige in erstklassiger Schärfe und Farbwiedergabe auf Kunstdruckpapier) und eine geologische Übersichtskarte (1:750000, schwarzweiß) ergänzen in hervorragender Weise den Text. Bemerkenswert ist die Angabe im Literaturverzeichnis eines Nachtrags, daß sich eine geologische Karte von Jordanien (5 Kartenblätter) im Maßstab 1:250000 der ehemaligen „Deutschen Geologischen Mission" bei der westdeutschen Bundesanstalt für Bodenforschung Hannover im Druck befindet (1968).

Der Abschnitt über mineralische Rohstoffe behandelt:

1. Kohlenwasserstoffe (Erdöl, Erdgas, Asphalt, bituminöse Gesteine),
2. metallische Rohstoffe (Kupfer, Mangan, Eisen, Chrom, Nickel, Uran, Pyrit),
3. nichtmetallische Rohstoffe (Phosphat, Apatit, Baryt, Feldspat, Glimmer, Quarz, Glassande, Farberden, Schwefel, Gips, Kaolin, Ton, Steinsalz, Kalisalze, Salze des Toten Meeres) und
4. Baustoffe (polierfähige Gesteine, Bausteine, Portland-Zement-Ausgangsstoffe).

Die Vielzahl der angeführten Rohstoffe darf aber nicht darüber hinwegtäuschen, daß eigentlich bisher nur dem Phosphat (Oberkreide) bemerkenswerte Bedeutung zukommt, wenn auch die Kupfererzgewinnung und -verhüttung im Bergbaugebiet des Wadi Araba bis in die Bronzezeit und die Regierungszeit der Könige David und Salomo (um 1000 v. u. Z.) zurückreicht und eine Eisenerzgewinnung schon im frühen Mittelalter erfolgte. Die Erdölerkundung (mit ausländischer Unterstützung) befindet sich noch im Anfangsstadium, die Gewinnung von Salzen (auch Kalisalzen) aus dem Toten Meer noch im Versuchsstadium, und der Abbau von Gips, Bausteinen und Zementrohstoffen und die Gewinnung von Speisesalz dienen im wesentlichen der lokalen und nationalen Industrie. Eine potentielle Glassandgewinnung wird vom Verf. als interessant eingeschätzt.

Der Abschnitt über die Hydrogeologie (Totes Meer, Thermen und Mineralquellen, sonstige Oberflächenwässer, Grundwasser) erscheint dem Rezensenten mit 12 S. etwas unterbewertet, zumal die eigentlichen Grundwasserverhältnisse nur auf 2 S. abgehandelt werden, auch wenn sie als noch wenig erforscht zu gelten haben.

Das letzte Kapitel ist den Böden Jordaniens gewidmet, einer Tradition der westdeutschen Geologie folgend.

Das Werk wird mit einer englischen und französischen Zusammenfassung (je 4 S.), einem Literaturverzeichnis (mehr als 500 Angaben) und je einem Sach-, Orts- und Autorenregister abgeschlossen.

J. Löffler

Lille, R.

Etude géologique du Guidimaka (Mauritanie) — Essai de résolution structurale d'une série épimétamorphique

Paris: Bureau de Recherches géologiques et minières, Mémoires Nr. 55, 1967. 401 S., davon 348 S. Text mit 90 Fig., 9 Tab.; 111 Bilder auf 22 Taf.; 1 Strukturkarte und 1 geol. Karte 1:200000; Frcs. 135,00

Das völlig zu Mauretanien gehörende, 135000 km² umfassende Untersuchungsgebiet liegt zwischen dem 13° und 12° W und reicht vom Senegal im S bis 16° 30′ N. Das eigentliche Arbeitsgebiet ist Teil einer verhältnismäßig schmalen, sich von SSE nach NNW erstreckenden tektonischen Einheit, die zwischen dem Senegalesisch-Mauretanischen Kreide/Tertiär-Becken im W und der devonischen Syneklise von Taoudenni im E liegt. In dieser nach einem am Südrand und einem am Nordende gelegenen Ort als „Arc Bakel — Akjoujt" bezeichneten Einheit sind Sedimentgesteine, Metamorphite und Eruptiva zu einem Komplex vereinigt.

Nach einleitenden Kapiteln (S. 5—30) ist der umfangreiche Stoff in drei Hauptteile gegliedert: petrographische und stratigraphische Studie der verschiedenen Einheiten (S. 31 bis 234), strukturelle Untersuchungen der Serien von M'Bout und von Bakel (S. 235—314) und allgemeine Schlußfolgerungen mit den Ergebnissen geochronologischer Untersuchungen (S. 315—348). Bibliographie, ein Anhang mit den Ergebnissen chemischer, petrochemischer und bergbaulicher Untersuchungen sowie Routenbeschreibungen, Orts-, Figuren- und Bildverzeichnisse bilden den Abschluß der Arbeit. Als gut definierte geologische Einheiten wurden unterschieden und bearbeitet:

Die ältesten bekannten Gesteine gehören einem granitisierten Sockel an, der birremische Fazies besitzt, dessen sicher präkambrisches Alter im einzelnen noch nicht genauer bestimmt werden konnte. Auf dem Sockel liegen einesteils metamorphe Serien (M'Bout und Bakel) und andernteils eine vermutlich kambroordovizische Serie (Sélibali). Die albitischen Glimmerschiefer von Diala-Bouanze scheinen zur Struktur des granitisierten Sockels zu gehören.

Die präkambrischen Granite von Guidimaki sind im N als Granodiorite und Quarzdiorite, im S als kalkalkalische Gesteine vom Monzonittyp ausgebildet. Letztere werden dort als „Zweiglimmergranit" bezeichnet. Beide Typen stehen mit den epimetamorphen Serien in Kontakt, von denen nur die Serien M'Bout und Bakel als sicher jünger erkannt wurden. Feldspatreiche Granatamphibolite treten in zahlreichen kleinen Kuppen und in einem ca. 100 km² großen Gebiet auf, an dessen Südwestrand eine innige Durchdringung von Amphibolit und Biotitgranit beobachtet wurde. Vermutlich sind Reste älterer basischer Eruptive (? des Oberen Birremien), entsprechend ähnlichen Verhältnissen in Ostsenegal, bei der Granitisation mit metamorphosiert worden.

Die Serie von M'Bout umfaßt ein sehr regelmäßig gefaltetes, N—S verlaufendes System von Marmoren, Glimmerschiefern, Quarziten und einem basischen vulkano-sedimentären Komplex. Diese Schichten kamen auf einem stark gefalteten, aber nur wenig eingeebneten Sockel zur Sedimentation. Die weniger günstig aufgeschlossene und lückenhaft entwickelte Serie von Bakel gleicht in petrographischer Ausbildung, struktureller Folge und Lagerung auf dem Sockel weitgehend der Serie M'Bout, als deren Äquivalent sie auch bezeichnet wird.

Im SE überdeckt eine infrakambro-ordovizische Folge, die Serie von Sélibabi (Pelite, Sandsteine, Grauwacken, Dolomite und vulkanische Gesteine), eine größere Fläche. Trotz einiger Unterschiede wird sie als die nördliche Fortsetzung der von J.-P. Bassot (1963) beschriebenen Serie von Falémé betrachtet.

Sämtliche o. a. Gesteinsserien wurden von einer oder mehreren Tektogenesen zu Metamorphiten umgeprägt. Die Serien M'Bout und Bakel sind zweimal tektonisch beansprucht worden, zuletzt an der Wende Devon/Karbon.

Die Granite von Guidimaka haben ein Alter von 1300 Mill. Jahren. Damit lassen sie sich zu keiner der bisher in Westafrika bekannten Granitisationen in Beziehung setzen. Sie wurden mehrfach beansprucht, und zwar einmal unmittelbar vor der Ablagerung der Serien M'Bout und Bakel, zum anderen Mal wahrscheinlich bei der ersten über diese Sedimente hinweggegangenen Tektogenese. Gravimetrische Messungen in der Struktur Arc Bakel—Akjoujt unterstützen die tektonischen Schlußfolgerungen. Enge Beziehungen zwischen Sedimentation, Vulkanismus, Tektonik und Metamorphose scheinen gesichert. Ihr gemeinsamer Ursprung wird in den Bewegungen beim Zerfall des Afrikanischen Schildes gesehen.

Der sehr differenzierte und ausführliche Bericht bietet eine Fülle neuer Beobachtungen und Einzelheiten über ein geologisch bisher wenig bekanntes Gebiet aus dem zentralen Westafrika. Zugleich werden vor allem tektonische Ergebnisse aus dem Untersuchungsgebiet in einen größeren regionalen Zusammenhang gestellt. Auf noch ungelöste Probleme wird hingewiesen. Das reiche Material ist nach modernen Methoden bearbeitet worden. Die Ergebnisse sind in klarem, reich illustriertem und übersichtlich gegliedertem Text geschildert und dargestellt. Geologen, Petrographen, Mineralogen und vor allem auch Tektoniker finden in dem Buch reiches Tatsachenmaterial. — Dem Verf. muß man für die inhaltreiche Arbeit danken. Das B.R.G.M. hat mit der geologischen Untersuchung der Granite von Guidimaka die Reihe seiner Berichte um einen ausgezeichneten Band vermehrt.

K. Dette

Levy, C.

Contribution à la mineralogie des sulfures de cuivre du type $Cu_3 XS_4$

Paris: Mémoires du bureau de recherches géologiques et minières, Nr. 54 (1967), 178 S., 34 Abb., 42 Tab., 6 Taf.; Fr. 85

In diesem Heft legt C. Levy neue Resultate über die kristallographisch-mineralogischen Untersuchungen einer Gruppe komplexer Kupferminerale vor, die in einer Reihe wichtiger Kupferlagerstätten und Lagerstätten seltener Elemente z. T. nur in feinsten Verwachsungen vorkommen.

Folgende Untersuchungsmethoden wurden angewandt: 1. chemische Zusammensetzung mit Hilfe der Mikrosonde; 2. Röntgendiffraktometrie; 3. optische Eigenschaften im Auflicht (quantitativ); 4. optische Eigenschaften im infraroten Bereich — durchfallendes Licht; 5. thermische Eigenschaften.

Die Angaben erstrecken sich auf folgende Mineralien: Stannit, „gelber Stannit", orangefarbener Bornit, Mawsonit, Idait, Kösterit; Briartit, Renierit, Germanit, Gallit; Enargit, Stibioenargit, Luzonit, Stibioluzonit, Famatinit, Colusit, Sulvanit, Goldfieldit, Tennantit und Tetraedrit.

Die Position X wird in den Mineralien von Fe ferner von Zn, Ge, Ga, As, Sb, Sn, V, Te eingenommen.

Die Darstellung stellt eine Fundgrube von speziellen Daten über diese z. T. sehr seltenen Mineralien dar und muß bei allen Untersuchungen über Paragenesen, in denen diese Mineralien auftreten, berücksichtigt werden.

TH. KAEMMEL

RÖSLER, H. J., & R. STARKE

Einführung in die Tonmineralogie

Freiberg (Sa.): Hrsg. Hauptabteilung Fernstudium der Bergakademie 1967. 1. Lehrbrief, 88 S., 34 Abb.; 2. Lehrbrief, 144 S., 83 Abb., 37 Tab., 6 Taf. im Anhang

Die Hauptabteilung Fernstudium der Bergakademie Freiberg (Sa.) hat eine „Einführung in die Tonmineralogie" in zwei Bändchen mit drei Lehrbriefen herausgegeben. Die Verfasser dieser Arbeit sind Prof. Dr. habil. H. J. RÖSLER, Direktor des Instituts für Mineralogie und Lagerstättenlehre, und sein wissenschaftlicher Mitarbeiter, Dr. R. STARKE.

Die Bedeutung der Tonminerale, die seit jeher im Zusammenhang mit der Entwicklung der menschlichen Gesellschaft beachtlich war, ist in jüngster Zeit durch spezielle Anforderungen der modernen Volkswirtschaft (Erdölgeologie, Tiefbohrtechnik, Silikatindustrie, Aluminiumindustrie etc.) noch beträchtlich angewachsen.

Noch vor etwa 40 Jahren war es nur in groben Zügen und in recht unbefriedigender Weise möglich, dieses ausgedehnte Mineralgebiet zu ordnen. Erst seit 1920 tritt eine exakte Bestimmung der Tonsubstanz immer stärker in den Vordergrund. Komplizierte und kostspielige Untersuchungsmethoden (Elektronenmikroskop, Röntgenanalyse, Infrarotabsorptionsanalyse, thermische Analyse etc.) sind notwendig, um eine einwandfreie Systematisierung dieses wichtigen Rohstoffs zu sichern.

Im 1. Lehrbrief behandeln die Autoren die allgemeinen Eigenschaften der Tonminerale und die Methoden zu ihrer Untersuchung. Im 2. und 3. Lehrbrief folgen dann sehr detaillierte Angaben zur speziellen Tonmineralogie (chemische Zusammensetzung, Vorkommen und Ausbildung, struktureller Aufbau etc.). Dabei werden jeweils die entsprechenden Daten der Messungen, ferner Diagramme und vielfach auch mikroskopische Aufnahmen (Tafelanhang) vorgelegt.

Kontrollfragen beschließen die einzelnen Abschnitte des gesamten Buches. Es gibt vor allem den Studenten eine gute Einführung und Anleitung, vermittelt aber darüber hinaus sicherlich vielen weiteren Interessenten wertvolle Hinweise.

K. KAUTER

BELL, J. F.

The Physics of Large Deformation of Crystalline Solids

Springer Tracts in Natural Philosophy Volume 14

Berlin—Heidelberg—New York: Springer-Verlag 1968. 253 S., 166 Abb., 157 Lit., DM 48,—

Die Kenntnis des unterschiedlichen Verhaltens kristalliner Festkörper bei der plastischen Verformung, bei Druck- und Biegebeanspruchung und der dabei auftretenden Veränderungen in den Elastizitätseigenschaften ist für Metallogen, Hütten- und Walzwerksingenieure, aber auch für den in diesen Industriezweigen tätigen Mineralogen, Kristallographen und Physiker von Bedeutung. Im vorliegenden Band werden die Ergebnisse mehrjähriger Forschungsarbeiten mitgeteilt. Für 27 kristalline Feststoffe, vorwiegend Metalle, wurde eine Vielzahl von Parametern durch Streß- und Biegeversuche an Ein- und Polykristallstäben ermittelt. Die Experimente werden durch 166 Abb. erläutert; die Ergebnisse sind in einem 15 S. umfassenden Tabellenanhang zusammengefaßt. Ein abschließendes Kapitel „Experiment und Theorie" ist den Verallgemeinerungen der Meßergebnisse gewidmet.

P. KRÜGER

McDOUGALL, D. J. (Hrsg.)

Thermoluminescence of Geological Materials

London und New York: Academic Press 1968. 678 S., zahlr. Abb., Tab., sh 155

Obwohl die Geologen bereits vor einigen Jahrzehnten die Anwendungsmöglichkeiten der Thermolumineszenzmethode auf Gesteinsmaterial und Mineralien gründlich untersucht hatten, stellt dieses Buch doch die erste zusammenfassende Übersicht über deren Anwendungsbereiche in der angewandten Geologie dar. Das Buch unterteilt sich in vier Hauptabschnitte.

Der I. Hauptabschnitt enthält das Kap. 1, das vor allem die historische Entwicklung behandelt.

Der II. Hauptabschnitt mit den Kap. 2 bis 5 hat die physikalischen und chemischen Grundlagen der Thermolumineszenz zum Gegenstand und schildert im einzelnen die Technik und die Instrumentation.

Der III. Hauptabschnitt mit den Kap. 6 bis 12 bringt Anwendungsmöglichkeiten der Thermolumineszenz auf breiter Grundlage. Hier stehen die Bestimmungen des geologischen Alters, Fragen der Archäologie, Fragen der Strahlungsintensität, Bestimmung von Paläoklima und Paläotemperaturen, Meteorite und lunare Lumineszenz im Vordergrund. Das Kap. 12 faßt noch einmal die Anwendungsmöglichkeiten in den einzelnen Bereichen zusammen.

Der IV. Hauptabschnitt ist völlig den bibliographischen Angaben und den ausführlichen Personen- und Sachregistern gewidmet.

Dieses reich illustrierte, mit vielen Tab. übersichtlich ausgestattete Buch wendet sich an alle Geologen, Archäologen und Physiker, die sich mit den Fragen der Thermolumineszenz beschäftigen, und man kann sicher sein, hier eine Fülle wissenswerten Materials vorzufinden.

K. KAUTER

KLENGEL, K. J.

Frost und Baugrund

Berlin: VEB Verlag für Bauwesen 1968. 279 S., 173 Abb., M 26,—

Mit dem vorliegenden Buch wird eine seit langem spürbare Lücke geschlossen. Der Fachmann ist deshalb erfreut, ein Werk vorgelegt zu bekommen, das zwar in erster Linie die Belange des Verkehrsbaus behandelt, aber auch auf die Probleme anderer Bereiche des Bauwesens eingeht. Der Autor, der sich seit über 10 Jahren mit dem Frostproblem beschäftigt, hat, zu einem großen Teil auf eigenen Erfahrungen und Forschungsergebnissen aufbauend, alles Wichtige, teilweise auch Details, zusammengetragen, so daß das vorliegende Buch als Helfer und Ratgeber für Studierende, Lehrende und Praktiker geeignet ist.

In 5 Hauptabschnitten wird das eigentliche Frostproblem behandelt. Nach einer Besprechung der meteorologischen und ingenieurgeologischen Grundlagen (Abschnitt 1, 40 S.) werden in einem 2. (53 S.) und 3. Abschnitt (26 S.) die Ursachen und die Arten der Einwirkung des Frostes auf den Baugrund und die Bauwerke sowie das Auftreten von Tragfähigkeitsschäden in Abhängigkeit von den Einflußfaktoren und den regionalen Bedingungen beschrieben. Ausführlich wird auf die Untersuchungsverfahren zur Ermittlung der Tragfähigkeit von Baugrund und Konstruktionsschichten, die Kornkriterien zur Bestimmung eines qualitativen Maßes der Frostveränderlichkeit und schließlich auf die Ermittlung des Frosthebungsgrades (FHG) und des Frostveränderlichkeitsgrades (FVG), die allein ein quantitatives Maß über die zu erwartenden Deformationen ergeben (Abschnitt 4, 61 S.), eingegangen. In einem 5. Abschnitt weist der Autor auf wichtige Unterhaltungsarbeiten an bestehenden Straßen und Maßnahmen im Rahmen des Baus oder der Sanierung hin, die zur Minderung oder Aufhebung der Frostgefahr an Bauwerken dienen können (54 S.). Nach einem kurzen Ausblick (Abschnitt 6), in dem die allgemeine Problematik und mögliche Forschungsrichtungen aufgezeigt werden, folgen auf 6 Seiten (Abschnitt 7) Erläuterungen der wichtigsten Begriffe.

Ein ausführliches Literaturverzeichnis, fremdsprachige Inhaltsangaben (russisch, englisch) und ein umfassendes Sachwörterverzeichnis beschließen das Buch. Der Stoff ist systematisch abgehandelt worden, wobei jeweils zunächst die Festgesteine und dann die Lockergesteine betrachtet werden. Es ist rein sachlich begründet, daß Lockergesteine und Verkehrsbau schwerpunktmäßig behandelt worden sind. Der Text ist reich mit Fotos, Diagrammen und Tab. versehen, was das Vorstellungsvermögen des Lesers in ausgezeichneter Weise unterstützt.

Wir möchten darauf hinweisen, daß Gesteinsklassifizierungen, wie sie in Taf. 6 gebracht werden, wohl immer Grund für eine Diskussion darstellen; auch die vorgelegte wird kaum so umfassend brauchbar sein, wie es in der Überschrift angegeben ist. Der Abschnitt über die ingenieurgeologische Kartierung entspricht nicht den modernsten Erkenntnissen und sollte bei einer 2. Auflage vollständig überarbeitet werden.

Das vorliegende Buch kann als Lehr- und Nachschlagewerk für Lernende, Lehrende und Praktiker des Bauwesens, der Ingenieurgeologie und der Geowissenschaften empfohlen werden. Es wird bei den genannten Berufszweigen sicher eine freundliche Aufnahme finden. F. Reuter

Kister, E. G., T. P. Schaskolska & I. Z. Fainschetei

Die Anwendung von Polyvinylalkohol zur Erhöhung der Schutzwirkung von Carboxymethylzellulose

„Neft. i Gas." (1968), H. 1, S. 23–25

Carboxylmethylzellulose (CMC), eines der wirksamsten Schutzkolloide für Bohrspülungen, ist in seiner Anwendung sehr beschränkt durch seine geringe Elektrolytstabilität schon bei geringen Konzentrationen von Kalzium- und Magnesiumchlorid. Die Wirkung der CMC kann durch die Erhöhung des Polymerisationsgrades des Reagenz und durch eine kombinierte zusätzliche Bearbeitung erweitert werden. Durch Zusatz von Polyvinylalkohol (PVA) zu CMC-stabilisierten Spülungen weisen die Verf. nach, daß die Stabilität der Spülung bei ein- und zweiwertigen Elektrolyten bis 100 °C ausreichend ist. Bei Spülungen mit salzfestem Ton (Palygorskit) oder Asbest und einem kombinierten Zusatz von CMC und PVA konnten gute Wasserabgaben bei 160 °C nach der Erwärmung ermittelt werden. Auch die Messungen der dynamischen Wasserabgabe in einer Spülungsumlaufapparatur verliefen positiv. Die Verf. erläutern die Herstellung und den Aufbau von PVA und weisen an Hand von Tabellen und Abbildungen diesen Effekt nach. B. Heyne

Neuerscheinungen und Literaturhinweise

Anonym

Stratigraphie des unteren Paläozoikums in Mitteleuropa (23. Internationaler Geologischer Kongreß. Fragenkreis Nr. 9)

Isd-wo Nauka, Moskau 1968. – 160 S.

Haskin, L. A., u. a.

Die Verteilung der Seltenen Erden in der Lithosphäre und im Kosmos

Isd-wo Mir, Moskau 1968. – 188 S., 54 Abb., 42 Tab. (aus dem Engl.)

Komiserko, N. I.

Petrographie, Lehrmittel für landwirtschaftliche Fakultäten

Isd-wo Kolos, Moskau 1967. – 2. verb. u. erg. Aufl., 128 S., 36 Abb., 9 Tab.

Anonym

Kaolinlagerstätten und ihre Entstehung (23. Internationaler Geologischer Kongreß. Symposium 1)

Isd-wo Nauka, Moskau 1968. – 96 S.

Anonym

Probleme der Paläontologie (23. Internationaler Geologischer Kongreß)

Isd-wo Nauka, Moskau 1968. – 128 S.

Autorenkollektiv

Porenlösungen und Methoden ihrer Untersuchung

Isd-wo Nauka i technika, Minsk 1968. – 232 S.

Anonym

Probleme der Geochemie und Kosmologie (23. Internationaler Geologischer Kongreß. Fragenkreis Nr. 6 und 13a)

Isd-wo Nauka, Moskau 1968. – 264 S.

Autorenkollektiv

Die Gestalt des Mondes und Probleme der Mondtopographie

Isd-wo Nauka, Moskau 1968. – 274 S. (aus dem Engl. u. Deutsch.)

Autorenkollektiv

Die Vorhersage von Erdbeben

Isd-wo Mir, Moskau 1968. – 216 S. (aus dem Engl.)

Informationen

Bau und Erdölhöffigkeit der Lagerstätte Kara-Tjube

Diese Lagerstätte nimmt in gewissem Sinne eine Schlüsselstellung ein, weil mit ihrer Einschätzung die Erdölaussichten für die Ostflanke des Vorkaspi-Beckens einen neuen Akzent bekommen. Diese Lagerstätte liegt im östlichen Randgebiet dieser Senke im Gebiet von Aktjubinsk. Sie ist gebunden an einen Salzstock mit pilzförmiger Überlappung mit der Ausdehnung von 9,5 × 3,5 km. Die den Salzstock überlagernden mesozoischen Schichten sind grabenförmig eingebrochen. Ölführend wurden die Schichten der Trias, des Unteren und Mittleren Juras sowie der Unterkreide (Hauterive, Barrême und Apt) angetroffen.

Die Dichte der Erdöle schwankt von 0,849 in der Unteren Trias bis 0,925 im Mittleren Jura. Der Schwefelgehalt nimmt von 0,17 bis 0,36 von unten nach oben zu. Die Produktion der einzelnen Horizonte wird mit 9,0 bis 70,5 m^3 pro Tag angegeben.

Erdöl in Venezuela

Die drei wichtigsten Erdölgebiete Venezuelas sind: das Maracaibo-Bassin, das Östliche Bassin im Nordosten Venezuelas und das Apure–Barinas-Bassin südlich des Maracaibosees. In diesen Gebieten liegen derzeit 18250 Erdölsonden, von denen aber nur 11641 produzieren. Bezüglich der noch vorhandenen Vorräte wird angenommen, daß sie etwa das Doppelte von dem betragen, was amtlich veranschlagt und bestätigt worden ist. Zudem stellen die Gebiete mit schwerem Öl nördlich des Orinoco, im Golf von Venezuela und südlich des Maracaibosees ein Potential dar, das bis heute noch gar nicht eingeschätzt worden ist.

Entwicklung der Erdölproduktion in südamerikanischen Ländern

Nachstehende Tab. veranschaulicht die Entwicklung der Erdölproduktion in einigen wichtigen südamerikanischen Ländern:

Land	Erdölförderung in Mill. t	
	1966	1967
Argentinien	14,9	16,3
Brasilien	5,8	7,3
Columbien	10,0	10,0
Mexiko	17,0	19,0
Peru	3,0	3,0
Trinidad	7,9	9,3
Venezuela	174,0	183,4
insgesamt	232,6	248,3

Tiefbohrrekorde

Die 1958 abgeteufte Bohrung University EE—1 in Pecos County, Westtexas, hält mit 7700 m immer noch den Tiefenrekord. 37 Bohrungen in den USA erreichten bisher Teufen von über 6100 m. 522 Bohrungen hatten bis Ende 1967 Endteufen von über 4300 m. Von ihnen blieben 51% ergebnislos.

Als tiefste Produktionsbohrung der Welt ist seit 1965 die Bohrung No. 1 W. C. Tyrell Unit 3 in Pecos County, Westtexas, anzusprechen. Sie fördert Erdgas aus einem Produktionsintervall, der bei 6710 m Teufe liegt. Als tiefste Erdölsonde gilt die Bohrung Humble — LL & E 1—L in Südlouisiana. Sie fördert aus 6550 m Teufe.

Kohlenproduktion in der UdSSR

Die Kohlenförderung in der Sowjetunion hat sich in den letzten Jahren wie folgt entwickelt (in Mill. t):

	1960	1965	1966	1967	1968 (Plan)
Kohle insgesamt	510	578	585	595	600
davon Kokskohle	110	139	143	148	152

Das Kohlenbecken von Lublin

Das neuentdeckte Kohlenbecken von Lublin in der VR Polen erstreckt sich von Dołhobyczew im SE bis Parczew im NW. Hier werden Schichten des Karbons von Jura und Kreide überdeckt. Aus seinem südlichen Teil liegen folgende Profilangaben vor:

Visé	200 bis 220 m
Namur A, B u. C	540 m
Westfal	90 m

Diese Ablagerungen enthalten nur einige Flöze bis zu 1,20 m Mächtigkeit.

Im Norden sind größere Mächtigkeiten anzutreffen mit etwa 20 abbauwürdigen Flözen.

Neogene Kohlen in Westserbien

Im Becken in Radjewo, etwa 100 km südöstlich von Beograd, liegen Tertiärschichten mit einer Gesamtfläche von etwa 25 km² über und neben permokarbonen Gesteinen. Das Tertiär ist durch Basalkonglomerat und Sande vertreten, über denen Mergel und Kalke lagern. Innerhalb der Basisserie finden sich zwei xylitische Kohlenflöze, die in Kürze abgebaut werden sollen. Fossilfunde bestätigen das miozäne Alter dieser Schichten.

Kanadas Silberproduktion

Mit über 40 Mill. Feinunzen (vorläufige Zahl) im Jahre 1968 ist Kanada zum wichtigsten Silberproduzenten der kapitalistischen Länder geworden. Es steigerte sich von 1966 mit 33,4 Mill. Feinunzen auf 37,2 Mill. Feinunzen 1967. Der Reihenfolge nach folgen hinter Mexiko die USA und Peru. Die Silbergewinnung in allen amerikanischen Ländern zusammen belief sich 1967 auf 158,4 Mill. Feinunzen (1966 = 172,1 Mill.).

Bedeutenden Anteil an der Steigerung der kanadischen Produktion hatte die Inbetriebnahme der Minen der Texas Gulf Sulphur Corporation, die in Nordontario schon 1967 mit der Gewinnung von 7,8 Mill. Feinunzen Silber gleich den ersten Platz im Land eingenommen hat. Die Vorräte dort werden auf 60 Mill. t Erz mit einem Silbergehalt von 4,85 Unzen/t geschätzt. Das Silber wird als Beiprodukt zu Kupfer, Blei und Zink gewonnen. Zusätzlich hat vor kurzem auch die Echo Bay Mines ihren Betrieb an der Ostküste des Großen Bärensees aufgenommen. Hierbei wird mit einer Jahresproduktion von 5 Mill. t Feinunzen gerechnet.

Die Kupferproduktion der Welt 1967—1968

Nachstehende Tab. spiegelt die Entwicklung der Weltkupferproduktion und die einiger wichtiger Länder wider (in short tons).

	1967	1968
Welt insgesamt	5458905	5689211
USA	950000	1407937
UdSSR (geschätzt)	850000	770000
Sambia	730000	687174
Chile	728667	701456
Kanada	602646	508300

Uranerz in Japan

Japan macht z. Z. große Anstrengungen, auf eigenem Territorium Uranlagerstätten ausfindig zu machen. Die seit längerem bereits angelaufenen Sucharbeiten waren kürzlich von Erfolg gekrönt, als im W des Landes Lagerstätten mit Vorräten von 1 Mill. t Erz nachgewiesen werden konnten. Neuerdings sind auch auf der Hauptinsel Honschu in der Präfektur Gifu weitere Lagerstätten entdeckt worden. Diese Vorräte werden auf 1,3 Mill. t Erz geschätzt.

Uran in Großbritannien

Großbritannien, das z. Z. seinen Uranbedarf durch Importe aus Kanada, Australien und Südafrika deckt, schickt sich an, eigene Lagerstätten intensiv auszunutzen. Die diesbezüglichen Such- und Erkundungsarbeiten stehen im engen Zusammenhang mit dem Nationalen Programm über die Nutzung der Kernenergie. Die Neuerkundung früherer Uranfundstätten wird derzeit mit einem Aufwand von 250000 Pfund betrieben. Dabei sind geophysikalische Geräte in Einsatz gekommen, die das Vorhandensein von Uran und Thorium bis in Teufen von 200 m nachweisen können.

Entwicklung der Weltbauxitproduktion

Auf Grund einer internationalen Statistik zeichnet sich bezüglich der Bauxitproduktion der Welt nachstehende interessante Entwicklung ab:

⌀ 1938/1939	(1000 t)	⌀ 1965/1966	(1000 t)
1 Frankreich	696	1 Jamaika	7900
2 Ungarische VR	520	2 Surinam	4690
3 Britisch-Guayana	466	3 UdSSR	4350
4 Surinam	444	4 Guayana	3030
5 Italien (Istrien)	422	5 Frankreich	2740
6 Jugoslawien	362	6 USA	1750
7 USA	348	7 Jugoslawien	1730
8 UdSSR	275	8 Guinea	1630
9 Indonesien	238	9 Australien	1500
10 Griechenland	183	10 Ungarische VR	1450

Bedeutende Phosphatlagerstätte in Indien

Am Fuße des Himalaja ist im Gebiet von Mussoorie—Dehra eine große Phosphatlagerstätte entdeckt worden, die sich über eine Längserstreckung von 50 Meilen hinziehen soll. Es handelt sich dabei um den bisher bedeutendsten Fund dieses mineralischen Rohstoffs in Indien. Mit dem Abbau dieser Lagerstätte wird in diesem Land erstmalig die Gewinnung von Rohphosphat in Angriff genommen.

Weltreserven an Bauxit

Nach internationalen Schätzungen ist im Weltmaßstab mit folgenden Vorratsmengen an Bauxit zu rechnen (Bezugsjahr 1967):

Land	Gesch. Res. (Mill. t)
Frankreich	50 bis 75
Jugoslawien	60 bis 200
Ungarische VR	100 bis 150
Griechenland	50 bis 75
USA	35 bis 45
Jamaika	600 bis 1 000
Surinam	180 bis 200
Guayana	50 bis 80
Guinea	1 000 bis 1 200
Ghana	200 bis 290
Australien	1 500 bis 2 700
Welt (gesamt)	3 993 bis 6 310

Jugoslawiens Bergbauwirtschaft

Die Bergbauwirtschaft der SFR Jugoslawien hat in den wichtigsten Rohstoffen folgende beachtenswerte Entwicklung durchgemacht:

	1965 (t)	1966 (t)
Steinkohle	1 169 000	1 133 000
Braunkohle	10 509 000	10 079 000
Kupfererz	6 003 000	5 624 000
Blei- und Zinkerz	2 358 000	2 439 000
Eisenerz	2 504 000	2 493 000
Manganerz	8 000	8 616
Chromerz	80 000	54 211
Antimonerz	127 000	117 296
Quecksilbererz	264 086	272 360
Bauxit	1 570 000	1 887 000
Erdöl	2 063 000	2 222 171

Mineralische Rohstoffe im Ozean

Der Geologische Dienst der USA, die Universität von Rhode Island und das Marineinstitut der Vereinigten Staaten haben gemeinsam eine Denkschrift über die mineralischen Rohstoffe im Schelfgebiet der USA vorgelegt. Aus diesen Unterlagen geht hervor, daß man in diesen Regionen mit dem Vorhandensein von 2 Mrd. bbl Kohlenwasserstoffen rechnet. Die möglichen Reserven sollen ein Vielfaches dieser Menge betragen. Beachtliche Mengen an Salz sind aus den untermeerischen Salzdomen im Golf von Mexiko mit guten Gewinnen zu fördern. Im Hinblick aber auf die ausgedehnten Lagerstätten auf dem Festland wird dieses Projekt z. Z. nicht vorangetrieben.

Die nachgewiesenen Vorräte an Schwefel betragen 35 Mt, die möglichen mindestens ebensoviel. Entlang der Küste Kaliforniens sind Phosphorlagerstätten als „nachgewiesene Vorräte" klassifiziert worden. Sie enthalten 100 Mt Phosphat. Im Gebiet der Beringstraße kann man aus guten Gründen mit bedeutenden submarinen Gold-, Platin- und Zinnlagerstätten rechnen.

Geotechnik/Ingenieurgeologie — eine neue Fachrichtung an der Bergakademie Freiberg

Im Rahmen der Neuprofilierung der Bergakademie Freiberg, die in Verwirklichung der „Prinzipien zur weiteren Entwicklung von Lehre und Forschung an den Hochschulen der Deutschen Demokratischen Republik" durchgeführt wird, wurde entsprechend der volkswirtschaftlichen Notwendigkeit am 1. Juli 1968 in Freiberg die Sektion „Geotechnik und Bergbau" (Direktor: Prof. Dr.-Ing. W. Gimm) gegründet. Innerhalb dieser Sektion erfolgt auf Beschluß des Ministeriums für das Hoch- und Fachschulwesen mit Beginn des Studienjahres 1968/69 die Ausbildung der Studenten in den folgenden beiden Fachrichtungen:

a) Fachrichtung „Geotechnik/Ingenieurgeologie",

b) Fachrichtung „Bergbautechnologie".

Da es sich bei der Fachrichtung „Geotechnik/Ingenieurgeologie" um eine für die Verhältnisse der DDR neue Einrichtung handelt, soll im folgenden eine Charakteristik dieser Fachrichtung und der damit in Zusammenhang stehenden Forschung gegeben werden. Unter Berücksichtigung des Umstandes, daß an der Bergakademie Freiberg auf einigen wesentlichen Teilgebieten dieses Fachgebiets bereits eine anerkannte Tradition in Lehre und Forschung vorhanden ist, wurde die Freiberger Hochschule mit der Ausbildung von Studenten der neuen Fachrichtung betraut.

Das Fachgebiet grenzt einerseits an die naturwissenschaftlichen Disziplinen Geologie und Mechanik, andererseits an die technischen Bereiche Bauwesen und Bergbau an. Als Gegenstand des Fachgebiets „Geotechnik/Ingenieurgeologie" ist zu betrachten:

Geologisch-geomechanische Untersuchungen der Erdrinde in Hinblick auf deren Eignung als Baustoff, Baugrund und Bauraum; Untersuchung von Deformations- und Spannungszuständen, vor allem zur Beurteilung der Stabilität und Sicherung von Böschungen, unterirdischen Hohlräumen und Fundamenten; Anwendung strömungsmechanischer Grundlagen für die Gewinnung und Speicherung flüssiger und gasförmiger Stoffe.

Die wichtigsten Aufgaben auf dem Fachgebiet sind:

a) im Bauwesen:

1. Standortwahl für Bauwerke aller Art (Industrie- und Städtebau, Wasserbau, Verkehrsbau) auf der Grundlage der Beurteilung des mechanischen Verhaltens des Baugrunds;

2. Beurteilung, Berechnung und Verbesserung der Standsicherheit des Komplexes Baugrund—Bauwerk;

3. Ausarbeitung geotechnischer Richtlinien und Empfehlungen für die zweckmäßige und sichere Projektierung und Ausführung von Bauwerken aller Art;

b) im Bergbau:

1. Beurteilung und Berechnung der Standsicherheit von Tagebauen, Böschungen, Kippen und Halden;

2. Wahl der Anordnung, der Dimensionierung und des Ausbaus bergbaulicher Hohlräume;

3. geomechanische Aufgaben bei der Wahl der Abbauverfahren und Dimensionierung der Abbauparameter, beim Abbau von festen, lockeren, flüssigen und gasförmigen Rohstoffen.

Als generelle Aufgabe für alle Anwendungsbereiche im Bauwesen und Bergbau gilt die Untersuchung des Wassereinflusses auf das mechanische Verhalten des interessierenden Gebirgsverbandes. Dazu sind z. B. auch die hydrologischen und hydrogeologischen Untersuchungen mit in die Betrachtungen einzubeziehen.

Beachtliche Probleme, die in den Bereich des Fachgebiets fallen, gibt es auch bei der Herstellung und Nutzung von tiefen Bohrungen sowie von unterirdischen Speicherräumen, z. B. für Trink- und Brauchwasser, Industrie- und Erdgas, schädliche Industrieabwässer und Atommüll.

Betrachtet man die internationale Entwicklung auf dem Fachgebiet „Geotechnik/Ingenieurgeologie", so läßt sich feststellen, daß sich auch in einigen anderen Ländern eine ähnliche Entwicklungstendenz wie in der DDR abzeichnet. Die wesentlichen Merkmale der internationalen Entwicklung können durch folgende Punkte charakterisiert werden:

a) Wegen ihrer einheitlichen wissenschaftlichen Grundlagen erfolgt der Zusammenschluß der Arbeitsbereiche Boden-, Fels- und Gebirgsmechanik zum Arbeitsgebiet Geomechanik. Durch diesen Zusammenschluß ist die Voraussetzung gegeben, daß die Anwendung der geomechanischen Grundlagen und Arbeitsmethoden nicht mehr an bestimmte, voneinander getrennte Industriezweige gebunden ist. Die Geomechanik löst also Probleme der Mechanik des festen und lockeren Gebirges, ganz gleich, ob dieses Gebirge z. B. im Bergbau oder im Bauwesen von Interesse ist;

b) einheitliche Betrachtung der Probleme von der geologischen Untersuchung bis zur geotechnischen Berechnung und Projektierung;

c) wachsende Berücksichtigung der Strömungsmechanik und der Ingenieurgeophysik bei der Lösung der Probleme des Fachgebiets;

d) infolge des wachsenden Bedarfs in vielen Industriezweigen Ansteigen der Forschungs- und Projektierungskapazität;

e) Schaffung von selbständigen Ausbildungsrichtungen unter Berücksichtigung und Erweiterung der geologisch-mechanischen Bereiche bei gleichzeitiger Betonung der technischen Aspekte.

Der zukünftige Absolvent der neuen Fachrichtung Geotechnik und Ingenieurgeologie soll ein Ingenieur sein, der in der Lage ist, mit modernen wissenschaftlichen Arbeitsmethoden die seinem Fachgebiet entsprechenden Probleme des Bauwesens und des Bergbaus selbständig zu lösen.

Er wird deshalb im Grundstudium eine auf breiter Basis angelegte Ausbildung in Mathematik, Physik, Mechanik und Geologie erfahren, darauf aufbauend im Fachstudium die notwendigen Kenntnisse in Ingenieurgeologie, Geomechanik und Geotechnik erwerben und einen gestrafften Überblick über die technologischen Belange im Bauwesen und Bergbau erhalten.

Ein so ausgebildeter Absolvent der Fachrichtung „Geotechnik und Ingenieurgeologie" wird z. B. in sämtlichen Bereichen des Bauwesens und des Bergbaus, in den geologischen Erkundungsbetrieben sowie in staatlichen Organen einsetzbar sein.

In dem Studienplan der Fachrichtung wurde dem Grundanliegen der Neuprofilierung an den Hochschulen, eine möglichst hohe Disponibilität beim beruflichen Einsatz der Absolventen zu erreichen, weitgehend Rechnung getragen.

Für die Betreuung des Studiums der Fachrichtung „Geotechnik/Ingenieurgeologie" sind hauptsächlich die folgenden Lehrstühle und Dozenturen zuständig:

1. Lehrstuhl für Geomechanik und Geotechnik

Lehrgebiete: Gebirgs- und Felsmechanik, Felsbau, Wahl und Beurteilung von Abbauverfahren, Ausbau und Sicherungsmaßnahmen in Bergbau und Bauwesen.

2. Lehrstuhl für Bodenmechanik und Geotechnik

Lehrgebiete: Bodenmechanik, Erd- und Grundbau, Grundlagen der Bauweisen.

3. Lehrstuhl für Ingenieurgeologie

Lehrgebiete: Baugrunduntersuchung, Baugrundvergütung, geodynamische Prozesse, ingenieurgeologische Kartierung.

4. Dozentur Reservoirmechanik

Lehrgebiet: Strömungsmechanik in klüftig-porösen Stoffen, hydro- und gasdynamische Untersuchungsmethoden.

Forschungsschwerpunkte: mechanisches Verhalten von Gebirgsverbänden; geomechanische Modelltechnik; analytische Berechnungsmethoden der Geomechanik; Dimensionierung, Standfestigkeit und Sicherung von Hohlräumen und Bauwerken; mechanische Eigenschaften und Rheologie von Lockergesteinen; Böschungsstabilität;

geodynamische Prozesse; technische Gebirgsklassifikationen; Baugrundvergütung;

Strömungsprobleme in porösen und klüftigen Stoffen.

Zur Realisierung der für die nächsten Jahre angedeuteten Forschungsvorhaben werden bei der Sektion „Geotechnik und Bergbau" Forschungskollektive an bestimmten Forschungskomplexen schwerpunktmäßig arbeiten. Die Mitarbeiter der Forschung sind dabei nicht an einen bestimmten Lehrstuhl gebunden, sondern können entsprechend den sich ändernden Erfordernissen, die sich aus dem Profil der Fachrichtung sowie der Grundlagen- und Vertragsforschung ergeben, eingesetzt werden. Damit wird der sich in Wissenschaft und Praxis vollziehenden Integrierung der Teilwissensgebiete auch in der Forschung der Sektion Rechnung getragen.

Zum Schluß sei noch darauf hingewiesen, daß für die Fachrichtung „Geotechnik/Ingenieurgeologie" auch die Möglichkeit zum Fernstudium besteht. Weiterhin werden ab Studienjahr 1969/70 Weiterbildungskurse auf speziellen Teilgebieten des Fachgebiets abgehalten werden. PFORR

Kurznachrichten

Die **VAR** will bis zum Jahre 1970 ihre **Rohölförderung** auf 40 Mill. t pro Jahr bringen. Zugleich sollen die bestehenden Raffinerien weiter ausgebaut werden.

Etwa 15 km südlich des Morgan-Feldes im Golf von Suez haben amerikanische und **ägyptische** Experten eine neue **Erdöllagerstätte** entdeckt, deren Ergiebigkeit zunächst auf 7500 bbl täglich geschätzt wird.

Die **argentinische Erdölproduktion** stieg 1967 im Vergleich zu 1966 um 6,75% auf 18,4 Mill. m³. Die Erdgasproduktion stieg im gleichen Zeitraum von 3624 Mill. m³ auf 3915 Mill. m³.

Durch umfangreiche Untersuchungen sind in den letzten Jahren in **Mexiko Uranerzlagerstätten** mit Vorräten von etwa 3,7 Mill. t Erz entdeckt worden. Damit könnte die Atomenergie in diesem Land in Zukunft eine erhebliche Rolle spielen, da aus dem Erz etwa eine Gesamtmenge von 2500 t Uran gewonnen werden kann.

Die **Kupferproduktion** in **Peru**, die sich z. Z. auf knapp 200000 t pro Jahr beläuft, soll nach einer Ankündigung von peruanischen Experten im Laufe der nächsten vier Jahre auf jährlich 400000 t gebracht werden.

Mit einer Produktion von 679000 t **Kupfer** erreichte **Sambia** 1967 hinter den USA, der UdSSR und Chile in der Weltproduktion den 4. Platz und rangiert damit vor Kanada, Kongo (Kinshasa), Peru, Südafrika, Japan und Australien.

Eine auf 12 Mill. t Erz geschätzte **Kupferlagerstätte** ist bei Nacozari im **mexikanischen** Staat Sonora entdeckt worden. Silberfunde wurden kürzlich aus den mexikanischen Staaten Durango, Hidalgo und Zacatecas bekannt.

In der kanadischen Provinz **Neufundland** ist eine bedeutende **Salzlagerstätte** an der Westküste der Insel in der Nähe von Stephenville entdeckt worden. Die Lagerstätte soll reich an Kalisalzen sein.

Auf mehr als 10 km³ wird eine **Marmorlagerstätte** bei Kibik-Kordon im Sajan-Gebirge **(Sibirien)** geschätzt. Der industrielle Abbau soll in Kürze beginnen.

In der **ägyptischen** Kalabscha-Zone bei dem Stausee des Sadd el-Ali wurde eine bedeutende **Kaolinlagerstätte** mit Vorräten von rd. 1 Mill. t entdeckt. Die Erkundung ist noch nicht abgeschlossen. Eine Verwendung des Rohstoffs für die Porzellan- und Papierindustrie ist vorgesehen.

In **Den Haag** ist der Bau eines **Computerzentrums** geplant. Zwei Digitalrechenwerke bilden den Kern der Anlage, die ausschließlich geophysikalischen Aufgaben dienen soll. Das Rechenzentrum soll vor allem zur Auswertung von seismischen Explorationsdaten der Erdgassuche in der Nordsee eingesetzt werden.

Die größte bisher bekannte **Offshore-Lagerstätte Mexikos** wurde kürzlich aufgefunden. Der Test der ersten Bohrung ergab 1000 bis 5000 Faß Erdöl pro Tag. Außerdem wurden erhebliche Erdgaslager festgestellt.

In den nächsten Heften

der

Zeitschrift für angewandte Geologie

erscheinen u. a. folgende Beiträge

G. W. NAUMOW & L. F. MIRONOWA: Das Verhalten der Kohlensäure in hydrothermalen Lösungen bei der Bildung der Quarz-Nasturan-Kalzit-Gänge des Erzgebirges

N. J. USPENSKAJA: Die periodische vertikale Verteilung von Erdöl- und Erdgaslagerstätten in Tafelgebieten und ihr Zusammenhang mit der rhythmischen Sedimentation

I. S. GUTMAN & G. W. BUSYGIN: Zur Berechnung prognostischer Erdölvorräte. Volumenstatistische Methode auf der Basis von Gesetzmäßigkeiten der Verteilung lokaler Aufwölbungen des Gebiets Perm

P. KRÜGER: Zur Abhängigkeit der Schwefelisotopenverteilung sedimentärer Schwefelverbindungen vom stratigraphischen Alter

H. ROSENBERGER: Chemische und mineralogische Zusammensetzung sowie Korngrößenaufbau von Blähtonen. Ihr Blähvermögen bei der Porensinterbildung

H. LÜTZNER & R. MAAZ: Ein Rechenprogramm zur Auswertung von Richtungsmessungen mit geringer Streuung

H. THIERGÄRTNER & I. KOCH: Varianzanalyse und DUNCAN-Test zur Gliederung von gruppierten Daten (dargestellt am Beispiel geochemischer Daten von Sedimentgesteinen)

V. MANHENKE: Zur Berechnung des Zusammenhangs zwischen Grundwasserhaushalt, -förderung und -absenkung mittels elektronischer Datenverarbeitung

H. REH: Vergleichende bodenphysikalische Untersuchungen von vier Lockergesteinstypen mit verschiedenen PROCTOR-Geräten

CH. ADAM: Kaoline und Tertiärtone in Nordostsachsen

P. KOZEL & M. KOLESÍK: Die Perspektive der Erdöl- und Erdgaserkundung in der ČSSR

J. ZYTKA: Zur Problematik der Sucharbeiten auf Erdöl und Erdgas in der VR Polen in den letzten 15 Jahren

Herausgeber: Zentrales Geologisches Institut im Auftrag des Staatssekretariats für Geologie beim Ministerrat der Deutschen Demokratischen Republik. Für die kollektive Chefredaktion: Dr. K. KAUTER (Redaktionssekretär), Berlin. Redaktion: 1054 Berlin, Zionskirchstraße 34 (Fernsprecher 426001). Verlag: Akademie-Verlag GmbH, 108 Berlin, Leipziger Straße 3—4 (Fernsprecher 220441, Telex 0112020, Postscheckkonto: Berlin 35021). Bestellnummer des Heftes 1047/15/4. Alleinige Anzeigenannahme DEWAG-WERBUNG, 102 Berlin, Rosenthaler Str. 28—31, und alle DEWAG-Betriebe in den Bezirksstädten der DDR. Die „Zeitschrift für angewandte Geologie" erscheint monatlich, Exportpreis: M 6,—, Sonderpreis für die DDR: M 2,— je Heft. — Satz und Druck: VEB Druckhaus „Maxim Gorki", 74 Altenburg. Veröffentlicht unter der Lizenznummer 1279 des Presseamtes beim Vorsitzenden des Ministerrates der Deutschen Demokratischen Republik.